à un Amériquain

sur l'histoire naturelle de mr. de Buffon ;
et sur les observations microscopiques
de mr. Néedham.

---

cinquiéme partie.

à Hambourg

1. 7. 5. 1.

12e. lettre.

Idée de la métaphysique que mr. Néedham *prétend tirer de ses expériences.*

e vous flattez pas, mr. de comprendre les sytême que je vais vous exposer; je me propose uniquement de vous faire sentir qu'il est d'une obscurité inaccessible. Je ne suivrai point l'ordre du livre de mr. Néedham; il ne s'y est assujetti à aucun. Il commence par les expériences dont je vous ai rendu compte dans ma derniere lettre. Il prétend tirer, des explications qu'il nous en donne, les nouveaux éle-

mens du monde ; et il ne tient pas à lui que ses lecteurs ne soient persuadés comme il l'est lui-même, que ses principes métaphysiques sont des conséquences très naturelles de ses observations. Il pourra placer tant qu'il voudra sa théorie après ses expériences, elle sera

P. 203. note.

toujours *antérieure à tout :* un lecteur attentif ne peut s'y méprendre. Je vais donc tâcher d'assujettir les pensées de l'auteur à une certaine suite, d'y mettre une certaine liaison. Je dois préférer ce parti à l'arrangement qu'il a donné à tant de différentes matieres dans son ouvrage. Je commencerai par exposer sa doctrine sur l'origine de nos idées. Ce qu'il pense sur l'essence de la matiere viendra après ; je vous expliquerai ensuite, comme je pourrai, les deux principes qu'il donne à tous les corps ; enfin,

son

son systême sur la génération et sur l'ame des animaux, terminera l'exposé que j'entreprens de vous faire de la métaphysique de mr. Néedham.

I. Origine de nos idées selon mr. Néedham.

1° Deux axiômes des anciens sont les fondemens de sa philosophie ; l'un que rien n'est dans l'entendement que ce qui lui vient des sens : *Nihil est in intellectu quod non priùs fuerit in sensu.* Lautre est, que la corruption d'une chose est la génération d'une autre : *Corruptio unius est generatio alterius.* Il ne tire pas ces deux principes de ses expériences microscopiques, cela n'étoit pas possible, mais il les suppose incontestables, sans se mettre autrement en peine d'en établir la vérité. Il n'a point d'autres guides dans l'explication des phénomenes qu'il a découverts, et il regarde comme une

une preuve complette de la vérité de ces mêmes principes, de ce qu'ils ont répandu à son avis un si grand jour sur ses expériences.

Il porte si loin le premier principe, qu'il prétend que l'ame tire des objets du déhors la premiere idée de son existence: c'est ce qu'expriment ces paroles que je vous
P. 496, et suiv.
prie de lire avec attention : » Si » l'ame apperçevoit quelque cho-» se, tel qu'il est en lui-même, et » avoit quelque connoissance indé-» pendante de tous rapports, n'au-» roit-elle pas au moins un senti-» ment vif de sa propre existence, » lors qu'aucun objet extérieur ne » l'affecteroit ? Mais elle ne s'ap-» perçoit même de son existence » que par comparaison et par des » rapports qui n'ont lieu que lors-» qu'elle correspond intellectuelle-

» ment

» ment avec le systême corporel ;
» *et l'action des objets extérieurs lui a* Ibid.
» *donné la premiere idée de son existence ;*
» elle emprunte un millier de carac-
» teres du dehors, pour s'exprimer
» elle-même ; elle modele, elle re-
» tranche tout ce qui lui paroît
» contraire : elle s'appelle l'esprit
» et le soufle du créateur ; elle fait
» des efforts continuels, pour par-
» venir à le connoître ; et après
» tout cela que connoît-elle d'elle-
» même, sinon qu'elle est quelque
» chose de très différent de tout
» ces êtres qui l'environnent, et de
» fort supérieur ; quelque chose de
» simple et de naturellement in-
» destructible ; enfin elle sçait par
» pure comparaison, ce qu'elle
» n'est pas, mais sçait-elle ce qu'el-
» le est ? »

Vous n'imagineriez ; jamais, m^r.
sur

sur quels fondemens l'auteur éleve une philosophie si bizare, car votre imagination est assez heureuse pour n'embrasser que le vrai. Les états d'un sommeil profond, de la létargie ou de l'apoplexie, sont autant d'appuis pour son paradoxe. En sortant de ces situations, on ne se rappelle rien de bien distinct, on ne sçait si l'on a pensé, ou si l'on a éprouvé quelque sentiment. Et comme m^r^. Néedham conclut de ce qu'on n'a point vu d'anguilles s'introduire ni déposer d'œufs dans la colle de farine, que, ni anguilles ni œufs n'ont pu y entrer, il conclud avec la même justesse de ce que l'on ne se souvient plus de l'état où l'on étoit en dormant, ou dans la léthargie, ou dans l'apoplexie, que notre ame ne se sentoit pas alors existante.

Mais ne se rappelle-t-on absolument

ment rien de ces états? Je me réveille d'un profond sommeil, je ne me regarde pas pour cela comme un être nouvellement créé ; je sçai fort bien que je suis la même personne que j'étois hier, et qu'entre le moment qui a précédé mon sommeil et celui ou je me réveille, il s'est écoulé un tems de mon existence, que je ne puis à la vérité déterminer. Mon réveil même est le sentiment vif du passage d'un état où j'étois dans l'inaction, à celui où je suis rendu à moi-même ; et je ne sentirois pas ce passage, s'il ne restoit dans mon ame une impression de l'état d'où je sors, ni rien que je pusse comparer à celui où je rentre. Il est donc visible que je sentois l'être en dormant et que je manquois simplement, de termes successifs pour estimer ma durée, pendant ce tems d'inaction.

d'inaction. Il me seroit impossible de me sentir le même être que j'étois la veille, si je pouvois douter que j'eusse existé durant le sommeil. Mais ma mémoire retient fort bien que mon ame avoit été affectée de telle ou telle maniere avant mon sommeil, qu'elle a cessé d'agir et de penser pendant un certain tems, et qu'ensuite elle a repris sa liberté : et cette lacune même dans sa vie, qui est une époque que la mémoire conserve, apprend que mon ame a été réduite à ne sentir que son être, et à n'éprouver aucune vicissitude de sensation, d'imagination et de pensée, sur laquelle elle pût juger du tems qu'elle a passé dans ce profond repos.

L'impossibilité où est notre ame d'estimer le tems qu'elle a passé dans le sommeil, est-elle donc une

preuve

preuve qu'elle n'a point senti son existence? Il arrive souvent à ceux qui méditent profondément, d'emploier des trois heures de suite dans des spéculations qui leur font oublier toute la nature, et leur propre corps, ils croient à peine y avoir donné un quart-d'heure: n'ont-t-ils donc point senti leur existence pendant le reste du tems, parce que la succession n'en est pas exactement gravée dans leur mémoire?

Reprenons le discours de mr. Néedham. » L'ame, dit-il, ne » s'apperçoit de son existence que » par comparaison. » Quels sont les termes de cette comparaison; mais au moins elle en est un: c'est elle-même qui se compare; et comment peut-elle se comparer à quelque chose, si elle ne se sent pas exister?

ter? » L'action des objets lui a » donné la premiere idée de son » existence. » Qu'occasionne donc en elle l'action des objets? Des façons d'être. Or comment peut-elle sentir ces façons d'être, et ne se pas sentir exister elle-même? Sont-ce les objets qui lui apprennent qu'elle a la faculté de comparer? Sont-ce les objets qui lui donnent le sentiment intime de son individualité, par lequel elle se distingue non-seulement de tout être matériel, mais même de toute autre intelligence? Ces objets ne lui font pas connoître leur propre individualité. Sont-ce les objets qui lui apprennent qu'elle peut douter de leur existence, et qu'elle ne peut douter de la sienne propre? » Que » connoît-elle d'elle-même, sinon » qu'elle est quelque chose de très » différent de tous ces êtres qui l'en-

vironnent

» vironnent, et de fort supérieur, » quelque chose de simple et de na» turellement indestructible. » Quelque chose! Mr. Néedham y pense-t-il: voudroit-il dire qu'elle est pour elle-même, un je ne sçai quoi, un être indéterminé, qu'elle ne se sent pas tel être en particulier? Le sens intime reclame contre une telle imagination. Je voudrois bien que l'auteur nous apprît comment les impressions que l'ame reçoit des objets extérieurs, lui disent qu'elle leur est supérieure, qu'elle est simple, qu'elle est indestructible. » Mais sçait-elle ce qu'elle » est? » Oui, puisqu'elle ne peut prendre aucun être, soit corporel, soit intelligent pour elle-même. On est bien assuré qu'on connoît un être lorsqu'on est certain qu'il n'est aucun objet qu'on puisse confondre avec lui.

Mr. Néedham paroît s'être approprié de la doctrine du P. Mallebranche, qui prétend que nous n'avons aucune idée de notre ame. Le peu que je viens de répondre à mr. Néedham, suffiroit pour vous faire entrevoir combien l'opinion du P. Mallebranche est insoutenable, et vous vous rappellez ce que je vous ai communiqué autrefois sur cette matiere.

J'opposerai néanmoins encore deux réflexions au principe qui attribue toutes nos connoissances à l'usage que nous faisons de nos sens, et même celles que nous avons des facultés de notre ame qui ont pour objet les idées morales, les notions de l'ordre parmi les esprits, le sentiment de la liberté, en un mot les connoissances purement intellectuelles. Il est certain qu'on ne peut recevoir aucune de ces idées, ni des objets extérieurs, ni par le ministere des sens. Quoique l'ame n'ait aucune sensation actuelle occasionnée par le corps, lorsqu'elle pense qu'elle a de l'attrait pour la perfection ; que le fond de sa volonté est l'amour du bien être ; qu'elle est libre ; qu'il y a des choses possibles qui n'existent point et qui n'existeront jamais ; qu'elle se doit toute entiere au créateur ; sous toutes ces différentes pensées, elle se sent exister, et ne reçoit point ce sentiment du commerce des corps. J'atteste sur tout cela le sens intime de chacun. Il faut donc abandonner absolument sur ce point la doctrine de mr. Néedham.

Peut-être ne l'a-t-il embrassée que parce qu'il a senti quelque chose de vicieux dans ce fameux argument de mr. Descartes : *Je pense, donc que je suis.* Mais pourquoi cet argument est-il vicieux ? En ce qu'il prouve une vérité simple qui ne peut-être conséquence d'aucun autre principe. C'est même une pure pétition de principe, comme on s'exprime dans l'école, puisque le premier mot de la phrase, *je*, renferme le sentiment de mon existence numérique, et que l'argument se réduit à ceci : Je me sens exister pensant ; donc j'existe. Ce n'est point par raisonnement que nous sçavons que nous existons ; donc le sentiment de l'existence n'est fondé sur aucun rapport, mais il est dans la nature de notre ame, dont l'essence consiste à être simple et à se sentir exister. Ainsi le défaut que mr. Néedham aura pu trouver dans l'argument de mr. Descartes,

Descartes, au lieu de lui faire juger que l'ame tient la connoissance de son existence, de son commerce avec le corps, auroit dû au contraire le porter à conclure que le sentiment de l'existence est en nous antérieur à toute connoissance et à tout raisonnement. Dans un enfant d'un jour, incapable de raisonner, l'ame se sent exister: C'est la ma premiere réflexion.

La seconde que je vous prie, mr, de peser scrupuleusement, et que j'ai fait entrevoir, c'est que le sentiment de notre existence, renferme l'individualité : *rationem numericam*. Or je voudrois sçavoir, comment la prétendue action des corps donneroit à notre ame cette notion d'individualité, et ce sentiment fixe par lequel elle apprend qu'elle est le même être sous plusieurs modifications actuelles et successives.

L'ame

L'ame voit quatre objets à la fois: quel est celui de ces objets qui lui apprend que c'est le même être qui les voit tous quatre? Un moment après elle voit un cinquiéme corps, elle a perdu de vüe les quatre autres: comment pourroit-elle apprendre de ce cinquiéme corps, qu'elle est la même intelligence qui a vu les quatre premiers?

Vous jugez bien mr. que l'auteur ne peut se soutenir sur des principes aussi ruineux. Vous allez voir comment il se contredit, et comment le sens intime le ramène insensiblement au vrai, et lui fait oublier *sa propre métaphysique*, dont voici le précis. P. 322. » Nos connoissances » viennent entierement des sensa-» tions, elles résultent de différens » effets produits sur cette combi-» naison physique que nous appel-

lons

» lons notre corps, auquel l'agent » intelligent est naturellement et » immédiatement uni. Cette com» binaison est donc susceptible de » toute sorte d'impressions, des » plus variables, aussi bien que des » plus constantes, parce que c'est » un systême si bien combiné, qu'il » correspond par sa propre activi» té à toutes les impressions varia» bles ou constantes des agens ex» térieurs : .... l'ame perçoit ces » changemens et ces impressions, » elle les compare, les sépare et les » combine. » Tout cela va bien à son systême ; mais ce qu'il ajoûte ne peut y être assorti. » C'est une » faculté qui lui est innée et qui » est indépendante de tout agent » extérieur par laquelle elle distin» gue ses propres opérations, et dé» montre sa liberté. » Il est impossible de lier ce discours qui est

P. 323.

très-

très-vrai avec ce qu'il a dit auparavant. Car si la faculté par laquelle l'ame distingue ses propres opérations et sa liberté, est innée et indépendante de tout objet extérieur, notre ame a donc une connoissance intime de ses opérations et de sa liberté ; elle sent donc son existence dans ses opérations, dans sa liberté, indépendemment de tous les objets extérieurs.

Autre contradiction aussi palpable. Pour en bien juger, il faut sçavoir que mr. Néedham reconnoît des idées positives et des idées négatives. Je ne puis trop décide ce qu'il entend par les dernieres, je soupçonne qu'il prend pour idée la négation ou l'exercice du
P. 325. pouvoir de rejetter le faux. » De
» cette division d'idées en positives
» et en négatives, il suit directe-

„ ment,

» ment, nous dit-il, que l'ame intelligente, ou l'agent qui a la faculté de comparer, est évidemment quelque chose de fort différent; un être simple totalement distinct dans son essence et sa nature du systême corporel qu'il anime. Car .... si l'agent qui a la faculté de comparer, n'étoit pas un être totalement différent du systême corporel, il seroit impossible que nous eussions des idées négatives; parce que rien ne peut affecter le systême corporel qu'une impression positive, et de simples négations ne pourroient pas engendrer de nouvelles idées. Toutes les idées donc dans ce cas seroient nécessairement positives; et rien ne prouve mieux l'existence réelle d'un principe libre et indépendant dans ses actions que les idées négatives. »

» négatives ; » ou plutôt que le pouvoir de nier ou d'affirmer. Voilà donc encore une sorte de connoissance que nous ne recevons point des sens. Voilà la meilleure preuve qu'on puisse (selon l'auteur) avoir de la spiritualité de l'ame, indépendante de l'action extérieure des objets sur nos sens. Et il est très vrai que nous ne pouvons recevoir des impressions que les corps font sur nos sens, ni le pouvoir de nier ce que nous trouvons faux, ni la connoissance de ce pouvoir. Mais le sentiment que nous avons de l'*intimité* de ce pouvoir, si je puis parler ainsi, renferme celui de notre existence ; il n'est donc pas vrai que nous n'apprenions que des corps que nous existons.

2°. Si mr. Néedham avance avec

tant

tant de confiance des principes si hazardés sur la connoissance que nous avons de nous-mêmes, il n'est pas plus heureux à caractériser la matiere. Voici la définition qu'il en donne. » La matiere telle que » nous sommes portés à la conce- » voir, n'est qu'un pur phénome- » ne, un résultat complexe et un » concours de plusieurs effets dif- » férens. » Vous devez être sans doute, mr., d'autant plus étonné et surpris d'une définition si bizare, que vous ne pouvez l'appliquer à aucun des corps qui vous environnent. Vous me demanderez d'où l'Auteur a pu la tirer. Ici il faut deviner ; car il s'en faut bien qu'il s'explique nettement. Mais à la quatriéme lecture de son livre, je crois avoir enfin compris ce qui a pu l'engager dans une route aussi obscure. Les corps extérieurs nous

II. Ce que m. Néedham pense de la matiere.

P. 268.

sont

sont connus par le témoignage de nos yeux et des quatre autre sens. Voila pourquoi il appelle la matiere un résultat complexe et un concours de plusieurs effets différens. Nos yeux nous font connoître les corps sous le sentiment de couleur, auquel l'idée de l'étendue est liée si intimement que mr. Néedham ne l'en a pu séparer. Or les couleurs ne sont pas dans les objets ; les limites de ces couleurs, les dimensions n'y sont donc pas non plus ; les couleurs sont des phénomenes, l'étendue qu'elles représentent en est donc aussi un. Et comme la matiere ne nous est connue que sous l'impression d'étendue, c'est pour cela qu'il dit que la matiere telle que nous la connoissons, n'est qu'un pur phénomene. Enfin, parce que l'esprit après quelques réflexions, est obligé de détacher les couleurs des corps, et de reconnoître qu'elles ne sont que la maniere dont l'ame apperçoit les objets matériels, l'étendüe suit le sort des couleurs dans l'idée de m[r]. Néedham ; ce n'est aussi selon lui qu'une maniere d'apperçevoir la matiere. Voilà, ou je me trompe fort, la vraie source de tous les paralogismes que vous allez voir. L'auteur se les seroit épargnés s'il avoit fait attention que l'esprit en rectifiant le témoignage de nos yeux, en s'appropriant les couleurs, comme des manieres de son être, les détache de l'étendüe, qu'il ne peu considérer comme un des modes de son être. Un philosophe en voyant un cube blanc, en détache la blancheur, qu'il regarde comme une de ses facons d'appercevoir ; mais il laisse au cube ses dimensions ; s'il les en retranchoit, s'il pensoit que ces dimensions sont une façon d'appercevoir, il en concluëroit légitimement qu'il n'apperçoit rien par ses sens, qu'il ne connoit que ses façons d'appercevoir, sans que rien soit apperçû. Paradoxe révoltant qui est cependant l'ame du livre de mr. Néedham.

Il s'en faut bien que l'auteur s'explique d'une façon aussi intelligible que je viens de le faire; néanmoins en apprétiant ses termes, on y trouve le sens que je viens d'exposer. Voici quelques textes qui
p. 478. vous en convaincront. » L'étendüe et la figure sont des modes » relatifs de pure combinaison, el» les sont *en nous* le résultat de la » coactivité de plusieurs agens » simples.. Il appelle cette prétention, *un étrange paradoxe*, et en

cela

cela il a raison, il croit la soustraire au genre des paradoxes, en la comparant à sa doctrine sur la maniere dont l'ame se connoît elle-même. » Si l'ame ne connoît sa propre existence que par comparaison, *et cesse de se connoître dès qu'elle n'apperçoit plus le contraste qui est entre elle et les autres objets qui l'environnent*; est-il étonnant qu'elle ne connoisse aucun objet que sous le même voile, et que toutes ses idées ne soient que de purs rapports, qui comme ces caracteres, représentent quelque chose, dont l'essence consiste en action, mais dont la nature, telle qu'elle est elle-même, nous est inconnue? » P. 498. Ibid.

Où sont ces rapports d'activité : sont-ils dans notre ame ? Il le dit expressément en parlant du mouvement qui devant suivre naturellement

lement le sort de l'étendüe et des
P. 477. figures, » n'est, selon lui, à notre » égard...... qu'un mode relatif » d'activité...... Nous le voions » donc, ajoute-t-il, sous un voi» le de purs rapports, et l'action » qui produit *en nous ces rapports, ou* » *ces modes d'activité*, est quelque » chose en elle-même d'absolu, » et cependant d'inconnu, en ce » sens, qu'elle ne peut être estimée » que par comparaison. »

Vous comprenez maintenant, mr., ce qu'il veut dire lorsqu'il enseigne que l'étendüe et la figure *sont en nous le résultat de la coactivité de plusieurs agens simples*, c'est-à-dire, de l'impression que ces agens font ou occasionnent dans l'ame. C'est entre ces impressions qu'elle voit ces rapports, où les idées de l'étendüe, de la figure et du mouvement

ment sont comprises. Quant aux agens auxquels elle doit ces impressions, ils ne sont point pour elle des termes de comparaison, ils sont totalement inconnus.

Vous entrevoyez ici sur quel principe mr. de Buffon a avancé, qu'il n'y avoit rien dans les mathématiques et dans les méchaniques que ce que l'esprit humain y a mis. Dès-que l'étendüe, les figures, le mouvement ne sont rien d'appartenant à la matiere, que ce sont, comme les couleurs, des façons d'être de l'ame; tout ce que nous avons imaginé sur l'étendue et sur la figure est chimérique, et ne convient, ni au corps, ni à la matiere dont les corps sont composés: ce sont de vaines spéculations sur les erreurs de notre ame, telles que celles d'un homme qui croyant que

que les couleurs sont des qualités essentielles aux corps, se perdroit en raisonnemens sans fin qui ne seroient que les conséquences de cette fausse idée.

Ainsi, mr. de Buffon et mr. Néedham doivent s'être bien amusés ensemble aux dépens des deux sociétés de sçavans que le roi a envoié au nord et sous la ligne pour déterminer la figure de la terre. Ceux-ci ont mesuré des bases avec la plus scrupuleuse exactitude, des étendües qu'ils croyoient réelles et hors d'eux-mêmes, et ce n'est qu'à des modes de leur ame qu'ils ont appliqué leurs mesures, qui d'ailleurs n'étoient que des modes d'activité que leur ame recevoit de je ne sçai quels agens non étendus.

J'avoüe que mr. Néedham pour-

ra taxer ce que je viens de dire, de mauvaise plaisanterie, et m'accuser de le confondre fort mal-à-propos avec les immatérialistes, puisqu'il prétend bien démontrer l'existence de la matiere. Mais pesez s'il vous plaît sa démonstration, et jugez si elle n'a pas dû faire naître la réflexion que j'ai faite sur le jugement que ces deux m[rs]. ont du porter des voyages de la Laponie et du Perou. Voici donc cette démonstration. Après avoir distingué les idées en positives et en négatives, il examine comment elles peuvent être *produites* au dedans de nous par les agens extérieurs : » Si toute idée positive, P. 327.
» nous dit-il, qui peut être engen-
» drée au dedans de nous, est con-
» séquente à quelque impression,
» sur cette combinaison physique
» (le corps) auquel le principe in-
» telligent

» telligent est immédiatement et » naturellement uni, alors chaque » idée positive est le résultat d'u» ne action extérieure. Par con» séquent, sans entrer dans la ques» tion, si la matiere telle qu'on » la conçoit communément est » étendüe et divisible à l'infini, » c'est au moins une vérité incon» testable, qu'il y a des multitudes » d'agens hors de nous qui produi» sent ces impressions, et qui sont » distincts en nombre et en quali» té, si nous pouvons juger des » causes par les effets, et par con» séquent autant d'êtres secondai» res, intermédiaires très différens » de Dieu, ou de l'ame pensante. »

Je conviendrai que l'ame voiant des objets, soit dans le sommeil, soit dans la veille, est très intimement persuadée qu'elle ne produit point en elle, ni les couleurs, ni les figures sous lesquelles elle les apperçoit; elle se sent purement passive à cet égard : elle est donc obligée de reconnoître que cette perception est opérée en elle, par une cause étrangere. Cela n'est pas douteux. Mais cette cause est-elle une multitude d'agens secondaires, comme le dit mr. Néedham, ou est-ce Dieu même, la seule cause capable d'opérer immédiatement sur notre ame? Mr. Néedham prend le premier parti. Quelles raisons en donne-t-il? Mais eût-il essaié d'en donner, sa cause ne seroit pas encore bien séparée de celle des immatérialistes, ils auroient encore droit de le revendiquer, et c'est le point dont il est maintenant question. Si ces agens n'ont point une étendüe réelle, si nous ne les connoissons point du tout

tout, l'univers que nous voions ne peut être distingué des phantômes de la nuit; et si nous pouvons soupçonner qu'il y a hors de notre ame, une multitude d'êtres, ce ne seront certainement aucun de ceux que nous voions, qui tous ont les trois dimensions.

Que pensera mr. Néedham de l'impénétrabilité? Sera-t-elle aussi une partie du phénomene dans lequel il fait consister la matiere telle que nous la connoissons? Après vous avoir dit que ces êtres secondaires inconnus, dont la coactivité opére en nous les idées d'étendüe et de figures, ne sont pas tous homogènes, mais qu'au contraire ils sont non-seulement numériquement mais spécifiquement opposés, il vous répondra et définira ainsi l'impénétrabilité: » Le ré-

P. 330.

» sultat

» sultat de l'action et de l'opposition » mutuelles rendües sensibles à des » êtres susceptibles de leurs impres- » sions. » Et comme cette définition n'est certainement pas trop lumineuse, il ajoûte pour plus grand éclaircissement : » Les im- » pressions sont les effets de l'ac- » tion extérieure, et non pas de » l'impénétrabilité ; car l'impéné- » trabilité telle que nous la sen- » tons, n'est qu'une impression » conséquente et non antérieure à » l'action mutuelle. » On a grand besoin d'un exemple pour entrer dans cette doctrine : il nous donne celui de deux boules d'yvoire qui réjaillissent après leur choc : » Nous P. 331.
» disons qu'elles sont impénétra- » bles, l'une à l'autre ; si leur dif- » férence d'action, que ce réjaillis- » sement rend encore plus distinc- » te, coincidoient lorsqu'elles se

» rencontrent,

» rencontrent, nous ne les aurions » pas appellées impénétrables : » donc l'impénétrabilité est un ef- » fet dans la nature et une idée ex- » citée en nous conséquemment et » non antérieurement à la diffé- » rente activité de ces deux bou- » les. » Est-ce un Physicien qui nous parle ; qu'entend-il par la coincidence de ces boules ? Veut-il dire que si elles venoient à se confondre, ensorte qu'elles ne fissent qu'un corps égal en dimension à ce qu'étoit chacune des boules avant leur concours, nous ne les aurions pas appellées impénétrables ? Non assurément, puisqu'elles se seroient pénétrées. Mais que font ici les actions contraires de ces deux boules ? Est-ce donc cette contrariété de mouvement qui les rend impénétrables ? Deux corps mols poussés en sens contraire l'un vers l'autre, s'unissent dans le choc, en sont-ils moins impénétrables ? Et n'est-ce pas au contraire, parce qu'ils sont impénétrables qu'ils deviennent un corps double de chacun des deux premiers, si ceux-ci étoient égaux ?

Il distingue l'impénétrabilité de la solidité. Mais qu'est-ce que la solidité dans la matiere ? C'est ce qu'il ne nous dit point, et vous verrez dans la suite, mr., qu'il n'en peut donner d'idée. Pour établir cette frivole distinction, il tourne en ridicule ce qu'il appelle les idées communes de la matiere. » Dans » toute autre vüe, nous dit-il, et selon l'ordre des idées établies dans » les écoles, les substances physiques sont solidement étendües, » parce qu'elles sont impénétrables, et elles sont impénétrables, parce

P. 334

» parce qu'elles sont solidement é-
» tendües. » L'auteur me permettra de lui dire, que ce n'est point ainsi qu'on établit l'impénétrabilité des parties de la matiere. On raisonne sur ce princip e: que deux êtres différens, sont numériquement distingués. L'un n'est pas l'autre, et l'un ne peut être l'autre. Or si deux lignes cubiques se pénétroient, si toutes deux ne faisoient plus qu'une ligne cubique, l'une deviendroit l'autre, chacune auroit perdu son existence propre, et par là elle seroit anéantie; et cependant dans la supposition de la pénétration, l'une et l'autre devroit conserver son existence. Il est donc clair que cette supposition renferme une contradiction manifeste : l'existence numérique et la non-existence numérique dans le même sujet; outre que la partie

deviendroit égale au tout, et que le double seroit égal à sa moitié, ce qui est une autre contradiction.

Tout cela n'arrête point l'auteur: il continue ainsi, en plaignant toujours les philosophes prévenus des idées de l'école: » La matiere, di- Ibid.
» sent-ils, est essentiellement un » composé, et cependant la ma- » tiere est essentiellement impéné- » trable. Ont-ils bien consideré » ces deux idées: un composé im- » pénétrable? » Fort bien lui répondrois-je; et si bien, qu'on est très convaincu que tout composé suppose l'impénétrabilité. Un mur est composé de pierres, de chaux et de sable, parce que la pierre, la chaux et le sable demeurent des êtres subsistans les uns hors des autres. Si par impossible ces maté-

riaux

riaux étoient identifiés, ils ne formeroient plus un composé. Quant à ce que mr. Néedham fait dire aux phylosophes, que la matiere est essentiellement un composé, s'il entend un composé physique il se trompe beaucoup, à moins qu'il n'ait en vüe les commentateurs d'Aristote, qu'on ne lui abandonne pas cependant sur tout autre point; mais les modernes établissent l'essence de la matiere dans des principes métaphysiques, je veux dire, dans les trois dimensions: aucun de ces principes n'est la matiere, tous trois en constituent inséparablement l'essence. La longueur ne peut réellement subsister sans largeur et sans épaisseur; et nulle de ces deux dimensions ne peut être conçüe exister sans l'autre. Il semble que l'auteur ignore parfaitement cette doctrine de

mr. Descartes

m^{r} Descartes, à laquelle le monde entier étoit revenu. Je sçai qu'on l'a attaquée depuis. On a prétendu que la matiere pouvoit être conçüe sans aucunes dimensions; mais sur quoi a-t-on appuié ce paradoxe? Si la matiere peut être conçüe exister sans dimensions, je demande quelle idée on en a quand on la considere dans cet état de privation? Mais un seul mot décide: Puis que la matiere peut perdre les trois dimensions, pourquoi ne pourroit-elle pas être privée d'une seule en conservant les deux autres? Quand les disciples de s'Gravesande auront répondu à cette question si simple, on pourra penser à discuter leur sentiment.

Il est bien vrai que m^{r}. Néedham détachant de fait l'étendüe de la matiere, et faisant de l'étendüe, une

une maniere d'appercevoir appartenante à notre ame, je ne puis emploier ce raisonnement contre lui ; il s'est assigné pour poste, le vaste païs des chimeres, lui seul en connoît les issuës, comment esperer de pouvoir l'y forcer? Mais quelques soient ses pensées, s'il veut attaquer les autres philosophes, il faut qu'il attaque leur doctrine, et qu'il ne leur prête pas des idées folles.

P. 333. Il poursuit toujours sur le même ton : » Analisons ces idées et exprimons-les d'une autre maniere. » Les principes composés; en d'autres termes, un composé sans » principes ; une multitude infinie » de multitudes, sans un seul être » isolé ; un nombre immense sans » unité ; une combinaison de combinaisons sans aucune source, » ou

» ou sans commencement ; . . . . .
» un composé substantiel infini-
» ment complexe, existant sans
» une seule substance individuelle ;
» en un mot, on veut que je con-
» çoive la matiere continuellement
» divisible, contenant une infini-
» té de parties, et que je conçoive
» qu'elle est impénétrable, sans
» m'assigner seulement un point
» où je puisse fixer cette impéné-
» trabilité universelle. »

On voit bien que mr. Néedham en veut à la divisibilité de la matiere à l'infini. On sçait que quelque parti que l'on prenne dans cette question, on oppose de part et d'autre des raisonnemens auxquels l'adversaire ne peut donner de réponses satisfaisantes. Tout l'avantage qu'ont ceux qui soutiennent la divisibilité de la matiere à

l'infini,

l'infini, c'est qu'ils établissent leur sentiment sur des idées claires et incontestables, et que ceux qui embrassent le parti contraire, prennent la chose du côté ténébreux, et se retranchent dans les difficultés. La position où s'est mis mr. Néedham est la plus sure ; dès que l'étendue n'est pour lui qu'une maniere d'appercevoir la matiere, qui selon lui n'est point apperçüe, il peut plaisanter impunément ceux qui tiennent la divisibilité de la matiere à l'infini, et il est à l'abri des démonstrations dont ils accablent leurs adversaires.

Mr. Néedham s'appuie encore sur une vérité enseignée par le P. Mallebranche : que nous ne connoissons les corps que par des rapports ; il la généralise, et en conclut que notre ame ne connoît rien que par des

des rapports. Pour le prouver, il prend pour exemple les couleurs, et parmi les couleurs il choisit le verd. Il prétend qu'un homme qui n'auroit vu que du verd, n'en auroit aucune idée. Je pense qu'il veut que l'on raisonne des couleurs comme de la musique. Un homme qui n'auroit jamais entendu de son qu'un *ut* par exemple, qu'un seul son, n'auroit pas d'idée du degré que ce ton occupe dans le systême de la musique. Si ce n'est pas là sa pensée, je ne sçai ce qui pourra rendre intelligible ce qu'il dit ailleurs : » Aurions nous connu le verd, comme nous le faisons, si nous n'eussions eu aucune autre couleur à comparer avec lui. Ce n'est ni du rouge, ni du violet, c'est quelque chose qui affecte nos yeux plus fortement que le violet, et moins vivement

P. 459.

» que le rouge ; il est plus refrangi-
» ble que l'un, moins que l'autre. »
L'auteur ne pourroit choisir un exemple moins heureusement assorti à sa thèse : *que nous ne connoissons que des rapports.* Car la sensation de couleur est très absolue dans notre ame, et ne renferme aucune comparaison. L'œil ne distingue pas même de rapport entre deux couleurs différentes, telles que le jaune et le bleu, il ne soupçonneroit pas, si l'expérience ne le lui avoit appris, que le jaune a du rapport avec le verd. Ainsi supposé qu'un homme ne vît que du verd, il auroit une sensation très déterminée, qui certainement ne seroit pas un rapport. Mais, dira l'auteur, les couleurs ont des rapports de refrangibilité, et différens rayons ont aussi des rapports dans la mesure de leurs vibrations. Cela est

vrai ;

vrai ; mais ces rapports ne sont pas sentis, ils sont comme s'ils n'étoient point à l'égard de l'ame. On les a connus par les observations qu'on a faites sur le prisme ; (desquelles, soit dit en passant, comme je pourrai le montrer quelque jour, on a tiré autant d'erreurs que de vérités.) Mais ces rapports que le prisme nous fait entrevoir, sont entre les différentes molécules propres à chaque rayon, et non entre les sensations que ces rayons occasionnent. Il y a même beaucoup d'apparence que c'est l'ordre des vibrations, faites dans une certaine mesure, qui caractérise chaque couleur. Qu'on imagine que deux régimens ont leur maniere de battre le tambour dans une telle mesure, que si deux tambours pris dans chaque régiment battent ensemble, l'un la marche, l'autre le

drapeau,

drapeau, les mouvemens des deux pieces de tambour, ou plutôt l'effet de l'ensemble des coups de baguettes entremêlés de l'un et de l'autre, sera la générale d'un 3e. régiment, et l'on concevra par cet exemple comment les rayons jaunes et les rayons bleus tombant mélangés sur la retine, font un 3e. ordre, une 3e. mesure de pulsations, laquelle n'est ni propre au jaune, ni propre au bleu, et occasionnera la même sensation que produisent les rayons verds lorsqu'ils sont seuls, parce qu'ils forment le jeu propre aux rayons verds homogenes. Il en sera de même du mélange des rayons primitifs d'où résulte la couleur du pourpre.

Mr. Nédham ne peut donc dire, que l'ame éprouvant la sensation d'une couleur voye un rapport,

qu'autant

qu'autant qu'il confondra le méchanisme de la lumiere sur nos yeux, avec les sensations que les rayons occasionnent dans l'ame ; et il est d'autant moins excusable de confondre ces choses, qu'il ne peut ignorer qu'il n'y a aucun rapport entre la sensation de couleur verte, et l'impression que les rayons verds homogénes, ou le mélange des bleus et des jaunes opérent sur la retine. Le plus ou le moins de force, la diversité plus ou moins grande entre les jeux des différens rayons, décident de la sensation de couleur ; mais on ne peut pas dire qu'une sensation de couleur différe d'une autre, que la sensation du rouge différe de celle du bleu par le plus ou le moins.

Cette seule observation, dont vous sentez toute la vérité, suffit pour

pour détruire de fond en comble ce faux préjugé sur lequel mr. Néedham fonde tous ces raisonnemens; c'est que les impressions faites sur nos organes corporels passent immédiatement à notre ame, en sorte que ces impressions sont comme les causes productrices de nos sensations. Car dès qu'il n'y a que du plus ou du moins dans les effets de diverses actions de la lumiere sur la retine, et qu'au contraire les sensations de couleur qui y répondent par l'institution du createur différent essentiellement, elles ne peuvent-être des effets de la lumiere. Le principe même, que nous ne connoissons point les dimensions absolues des corps, mais simplement leur grandeur rélative, géneralise l'observation que nous faisons, et l'étend sur toutes les connoissances que nous devons à nos

sens.

sens. Prenons un exemple très commun. Je vois à la même distance deux hommes de taille inégale, leurs images sont peintes au fond de mes yeux, et leurs dimensions sont très déterminées ; car il implique que deux images existent d'une maniere indéterminée, et qu'elles n'ayent pas entre elles ou le rapport d'égalité, ou un rapport certain et fixe d'inégalité. Les images de ces deux hommes ont donc un rapport fixe au fond de mon œil. Si la connoissance que j'ai de l'inégalité de ces deux hommes étoit l'effet de ces images, cet effet seroit fixe et déterminé, et le rapport connu répondroit au rapport réel qui est entre les tailles de ces deux hommes. Car il implique encore, qu'une cause déterminée, ait un effet indéterminé, puisque ce seroit n'en point avoir. Il est pour-

tant

tant certain par l'expérience, que la connoissance occasionnée par ma vüe, laisse le rapport de ces deux hommes indéterminée pour moi, entre certaines limites; comme je crois l'avoir dit en examinant les paradoxes de mr. de Buffon sur le fondement des mathématiques. Je sçai bien qu'un de ces hommes n'a pas un demi pied de hauteur plus que l'autre; mais combien de pouces combien de lignes, je n'en sçais rien. N'ai-je donc pas droit de conclure que la connoissance qui me vient par le sens de la vüe n'est point un effet proprement dit de la disposition de ma retine ou des images qui y sont peintes? Et n'est-il pas bien prouvé conformément à la doctrine du P. Malebranche, qu'une telle connoissance ne peut être que l'effet d'une sorte de révélation naturelle communiquée

par

par un être très sage, qui sçait que j'ai besoin de ne pas connoître les corps avec précision, de peur que je ne leur attribue une efficace proprement dite, sur mon ame, telle que celle que mr. Néedham reconnoît par tout en eux.

Tout ce que je viens de vous dire, mr., vous paroît victorieux contre mr. Néedham, cependant rien n'est plus foible: vous allez voir dans quel sens. J'y suppose par tout que l'étendüe est une substance, ou du moins une propriété réelle et existante dans les objets; que l'image des corps a des dimensions fixes sur notre retine; mais dans l'esprit du systême de l'auteur, toutes ces dimensions fixes dont je fais tant d'usage, ne sont dans l'ame que des effets de principes actifs inconnus; l'étendüe n'est que la maniere

maniere dont l'ame reçoit les actions combinées de ces mêmes principes ; ce systême physique que nous appellons notre corps, n'a pas plus de dimensions réelles que les autres objets dont nous sommes environnés. Dans le vrai, tous mes raisonnemens ne peuvent rien contre des idées si neuves; car comme je vous l'ai déja dit, mr. Néedham s'est choisi un poste où il est difficile de le forcer, parce que ce poste est au-delà de la portée de la raison, et c'est pour cela même, comme vous le verrez dans la suite de cette lettre, que tout ce que je produirai de plus fort contre lui, sera pure pétition de principe, parce que je supposerai toujours malgré moi que m^r. Néedham a des sens comme nous, qu'il voit les objets étendus comme nous, que le mouvement est pour lui comme pour nous un déplacement successif de substances étendües, et c'est précisement la chose en question entre tous les hommes d'une part, et mrs. Néedham et de Buffon de l'autre. Pour vous en convaincre, écoutons-le, lorsqu'il prononce le plus affirmativement ce qu'il pense de l'étendüe : » Je dis donc que » l'étendüe de la matiere, considé- » rée comme étendüe, la figure » comme figure, la résistance com- » me résistance, ou le mouvement » comme mouvement, sont des » modes d'activité en eux-mêmes, » dont les différences absolües sont » réelles, permanentes et essen- » tielles à la nature d'agens exté- » rieurs, *quoi qu'ils nous soient incon-* » *nus ces modes*, et que comme nous » les appercevons, ils ne nous par- » roissent que de purs rapports. » P. 461.

L'idée de l'étendue n'est qu'un

rapport !

rapport ! Et quel rapport ? Un rapport de nombres abstraits ? Seroit-il possible que ce fût là sa pensée. Si ce n'est pas elle, si ces rapports sont concrets, (permettez-moi ces termes de l'école,) l'esprit voit donc deux choses ; et le rapport arithmétique ou géométrique, et la matiere des objets entre lesquels sont ces rappors. Je compare un corps de 27 pouces cubiques, à un pouce cubique. J'y vois le rapport de 27 à 1 ; je vois de plus le genre de l'unité de ces nombres ; c'est un pouce cubique ; ce n'est point l'unité prise universellement. Quand je fais cette proportion : 27 lignes sont à une ligne comme 27 lignes cubiques sont à une ligne cubique ; la premiere raison a pour unité des lignes simples, la seconde des cubes. Que la ligne simple, que le cube ne soient

que

que des points de vüe de l'ame, je le veux bien; mais ces points de vüe ont des objets pour termes, ou ce ne sont pas des points de vüe.

Ne cherchons point à entendre mr. Néedham, ce seroit entreprendre l'impossible; mais tâchons de découvrir par quels sentiers ou par quels égaremens il est arrivé à une philosophie si extraordinaire. Il dit quelque part, et il dit très-vrai, qu'on ne sçait pas combien d'étendüe réelle est emploiée dans ce monde. Il se fonde sur un problême de mathématiques dans lequel on voit, qu'en prenant une portion de matiere déterminée, ne fût-ce qu'un pied cubique, on en pouvoit faire un corps égal en volume, à celui de l'univers entier, en ne laissant entre des parties faites comme des ballons vuides que des in-

tervalles plus petits, que toute capacité assignée. Ailleurs, Mr. Néedham suppose que le roman de
P. 465. Gulliver est réalisé : » La hauteur » des habitans, une fois détermi» née, tout doit s'arranger selon » leurs proportions relatives ; » c'est-à-dire, que non-seulement leurs mesures, leurs pieds, leurs pouces, leurs maisons, leurs terres, leurs cieux seront déterminés ; mais encore leur systême de vüe sera fixe. Ce qu'il dit sur ces différens systêmes de vüe est assez obscur ; mais je crois pouvoir rendre sa pensée. Il suppose qu'en-
P. 466, tre les Lilliputiens et ceux de Brodingnag, il peut y avoir une suite de proportions de grandeur dans une échelle aussi étendüe que celle qui se trouve entre l'élephant et le plus petit animal qu'on puisse appercevoir au microscope. Il de-

mande

mande si dans ce cas, la quantité d'étendüe, dans quelque objet déterminé, presentée à ces deux nations et à toutes celles auxquelles elles serviroient de limites, seroit un objet invariablement fixe, ou si elle ne prendroit pas successivement plusieurs millions de différens rapports. Il résoud plus bas cette question : » En un mot, il P. 467.
» est certain que si le même agent
» intellectuel pouvoit animer cette
» suite supposée de corps, depuis
» l'élephant jusqu'au plus petit ani-
» mal microscopique, il y auroit
» un point dans cette échelle, où
» un globe de trois pieds de diamê-
» tre, de la même structure que no-
» tre globe terrestre, paroîtroit un
» objet aussi différent de lui-mê-
» me dans un autre point de vüe,
» que le seroit actuellement le glo-
» be de trois pieds de diamêtre

„ comparé

» comparé à notre terre. » C'est-à-dire, car tout ceci demande un commentaire, que ces differens peuples auroient un systême de vüe proportionnel à leurs tailles ; que ceux de Brodingnag seroient obligés d'avoir recours au microscope pour voir un objet qui paroîtroit aux hommes dont la classe seroit le dernier et le plus petit terme de l'échelle, aussi grand que notre globe terrestre.

P. 466. Il avoit dit auparavant : » Il se-
» roit inutile de répondre que dans
» ce cas la chose est toujours inva-
» riable en elle-même; nous le sça-
» vons parfaitement bien. » (Il revient ici à la façon de penser des autres hommes) » et rien n'est
» changé que le point de vüe ; mais
» alors l'étendue *est ce point de vüe*
» *général sous lequel nous y voions des ob-*
jets

« » *jets* dont la nature absolüe est en-
« » tierement inconnüe. » L'éten- P. 467.
« » düe, dit-il encore, considérée mé-
« » taphysiquement comme éten-
« « düe, est un mode de percep-
« » tion. »

Je ne me suis pas trompé, comme vous voiez m$_r$., quand j'ai dit que l'étendüe n'étoit selon lui que la façon dont notre ame apperçoit la matiere. C'est un point de vüe ; mais qu'embrasse-t-il ? Des objets dont la nature nous est entierement inconnüe, et qui ne renferme rien de semblable à l'étendüe, au mouvement, à l'impénétrabilité, tels que nous les connoissons : car selon l'auteur, » les qualités P. 267.
» que nous appellons premieres ne
» sont précisément comme les se-
» condaires, que de purs effets rela-
» tifs, dont le modéle d'évaluation

» ne

» ne se trouve que dans les sensa-
» tions. »

Demandons à mr. Néedham où il voit la vérité des suppositions qu'il vient de nous faire. Est-ce dans le témoignage de ses sens destinés à lui faire connoître ce qui est actuel, et non ce qui est possible? Je lui demande encore où son esprit voit que le globe dont le diamêtre seroit de trois de nos pieds, quoi qu'un point imperceptible aux microscopes propres aux habitans de Brodingnag, seroit un globe énorme pour les Lilliputiens; où il apprend que ce globe connu sous des rapports si différens, est invariablement le même être numérique. Je l'ai soutenu contre mr. de Buffon : que les sens ne nous découvrent point le *numérique* des objets; ce n'est point par eux que nous

apprenons

apprenons que nul être ne peut exister sous une grandeur indéterminée; ils nous apprendroient tout le contraire si nous nous en tenions uniquement à leur témoignage. L'auteur se contredit donc ici visiblement. Il reconnoît nécessairement une grandeur absolüe dans le globe de trois pieds de diamêtre. Chez ceux de Brodingnag, ce globe comparé au corps des habitans seroit le plus petit terme; chez ceux de Lilliput, comparé à leur corps, seroit le plus grand terme, et n'augmenteroit ni ne diminueroit sous ces différens point de vüe.

Accordons à mr. Néedham que nous ne connoissons les corps que par des rapports. Mais les termes de ces rapports sont des portions réelles de l'étendüe existantes hors de nous. Si je compare le volume

de

de mon corps à celui de la lune, les termes de ma comparaison, ne sont point d'une part la façon dont je vois mon corps, et de l'autre, celle dont je vois la lune; c'est mon corps, c'est la lune, ce sont deux objets que je distingue très-bien de ma pensée et de mes sensations, et que je crois exister indépendamment de ma propre existence, et par conséquent de mes pensées.

Que m[r]. Néedham pousse sa supposition à l'extrême; qu'il me dise que la nuit derniere il a plu au créateur de reduire mon corps au même volume qu'étoit hier le plus petit des animalcules visibles au microscope; qu'il a réduit proportionnellement, mon lit, mes meubles, ma chambre, la maison, la ville où je demeure, la terre entiere;

re, ses plantes et ses habitans, les cieux et les astres, les globules de la lumiere; qu'il me défie de lui donner une démonstration contre ce fait, et qu'il en conclüe que l'étendüe est donc un point de vüe, un mode de perception sous lequel nous voions des objets dont la nature est absolument inconnüe; je ne nierai point la supposition, mais j'en tirerai une conséquence diamêtralement opposée à la sienne. Dans cette supposition, lui dirois-je, mon point de vüe d'aujourdhui seroit invariablement le même que j'avois hier. Mon corps réduit cette nuit à un très-petit volume seroit à l'égard de mon lit, de mes meubles, de ma chambre ce que mon corps d'hier me paroissoit être vis-à-vis des mêmes objets; et c'est précisément parce que ma façon de voir seroit la même que je

ne

ne puis rien opposer à la vérité de la supposition. Mon esprit voit néanmoins très-clairement que les objets de sa vüe, les termes de ses connoissances auroient prodigieusement changé ; que les termes de ses connoissances d'hier étoient des objets énormes par rapport à ceux d'aujourdhui, que tout auroit été réduit dans la proportion qu'il y avoit hier entre le corps que j'avois et un ciron de ce monde qui n'est plus : que la différence de mon corps d'hier d'avec celui d'aujourd'hui est réelle et indépendante de ma façon de penser : donc mon esprit connoît très-clairement deux portions d'étendüe, lesquelles sont réelles, hors de moi, indépendantes de ma façon de les connoître par les sens, et qui ne sont point des manieres de recevoir des impressions d'agens, dont la nature lui est totalement inconnüe.

Je demande à mr. Néedham, ce que j'ai demandé à mr. de Buffon, qu'il étudie l'histoire naturelle de l'esprit humain : chacun la porte et toute complette au dedans de soi ; pour la consulter, il ne faut ni procédés délicats, ni dépense ; qu'il se donne la peine de réfléchir sur ce qui se passe en lui, et il entrera de lui-même dans la démonstration que je viens de lui opposer, et il démêlera aisément toutes les contradictions dont son livre fourmille.

Quelle contradiction que de distinguer, comme il le fait, l'étendüe de la solidité ! » Il faut, dit-il, » séparer l'idée d'étendüe de celle » de solidité ; et il est clair que ces » deux idées sont différentes et que » l'une p. 456.

12. l. f

» l'une n'est pas nécessairement » jointe avec l'autre ; car il y a une » étendüe sans solidité que nous » attribuons au pur espace, du mê- » me genre précisément que la pu- » re étendüe dans la matiere, si » nous faisons abstraction de la so- » lidité. Il semble, ajoûte-t-il, » qu'on considére toujours cette é- » tendüe soit d'espace soit de ma- » tiere comme une vraie qualité » physique également positive dans » les deux cas, quoi qu'en effet l'u- » ne ne soit qu'un vuide inactif *à* » *notre egard*, un pur rien, et l'autre » une combinaison d'êtres actifs. »

Vous deviez vous attendre, m^r^., que m^r^. Néedham non-seulement distingueroit, mais sépareroit même la solidité de l'étendüe : celle-ci n'étant qu'une maniere dont l'ame reçoit les impressions d'agens dont la la nature lui est absolument inconnüe, ne peut pas être appellée solide. Mais ce qui détermine principalement mr. Néedham à faire cette séparation, c'est que l'étendue convient à l'espace auquel on ne peut reconnoître de solidité, parce que c'est un pur rien ; or cela même renferme une contradiction que vous ne pouvez bien sentir qu'après que l'auteur aura développé sa pensée.

» Par le pouvoir, nous dit-il ail- P. 463.
» leurs, que nous avons de former
» par comparaison des idées néga-
» tives, et même de mesurer des
» quantités négatives, qui par con-
» séquent parroissent aussi réelles
» que les positives, parce que nous
» ne connoissons rien tel qu'il est
» en lui-même, nous transportons
» ce rapport d'étendüe au pur espa-

» ce. » Je suis obligé de l'interrompre parce que son discours est très obscur. Ce qu'il dit des idées négatives est tiré des mathématiques ; mais n'en est pas tiré philosophiquement. On connoît par exemple, qu'en appliquant successivement à droite de la ligne des abscisses les ordonnées, et remontant vers le sommet d'une courbe, on arrive jusqu'à confondre l'ordonnée avec le sommet, elle n'est plus alors qu'un point : les mathématiciens l'appellent zero. Descendant du sommet ils décriront à gauche des ordonnées négatives, qui iront toujours en croissant et formeront une autre branche de la courbe; et ces dernieres ordonnées non-seulement parroissent, mais sont aussi réelles que les positives. Car les mêmes choses sont négatives ou positives suivant la façon

dont

dont nous les considerons. On me doit 10000 l; c'est un bien positif pour moi, c'est un bien négatif pour mon débiteur. Les éleves de deux jours en mathématique sçavent cela : mais je suis obligé de vous le rappeller pour vous faire sentir la méprise de l'auteur. Il continüe : » Une propriété physique réelle peut-elle être imaginée subsister dans un pur vuide, » ou l'idée de dix pouces cubiques » par exemple que nous attachons » à ce corps déterminé, est-elle rien » de plus qu'un rapport qui nous » fait distinguer ce corps de tout » autre ? Le corps disparoît, l'idée négative a lieu et le même » rapport reste. » Vous voiez maintenant la contradiction. Le corps disparoît : N'a-t-il pas emporté ses dimensions, a-t-il laissé derriere lui ces dimensions qui font

toute

toute sa réalité ? Mr. Néedham ne le dit point, et il ne peut le dire. Il n'est donc pas vrai que l'étendue ait été séparée du corps, il n'a laissé derriere lui que le néant de l'étendue : or l'étendue et le néant de l'étendue, peuvent-ils être deux étendues du même genre, comme le dit expressément l'auteur : » Autrement, ajoute-t-il, cette idée ne » seroit pas la négative de la posi- » tive qui nous réprésentoit le » corps absolu lui-même. » Nouvelle contradiction. L'idée positive de ce corps étoit toute-à-l'heure, non la réprésentation du corps absolu, mais un rapport qui nous le faisoit distinguer de tout autre, et qu'il nous plaisoit d'attacher à ce corps ; c'est maintenant la réprésentation du corps absolu. Il termine ainsi son raisonnement obscur et embarrassé : L'idée de tout

„ espace

» espace fini, n'est-elle donc pas » ainsi engendrée? Aurions nous » l'idée de ces espaces finis sans » l'absence et la présence successi- » ve des corps finis ; ou l'idée d'es- » pace infini, est-elle quelque cho- » se de plus qu'une idée négative » engendrée pat une autre? » Il épaissit encore ces ténebres par un prétendu éclaircissement qui vient à la suite des textes que nous ve- nons de rapporter : » Si nous ap- » percevions immédiatement la » presence de Dieu par une con- » noissance continuelle intuitive ; » si nous pouvions ressentir au de- » dans de nous ce qu'il est en effet : » *Quod in ipso vivimus, movemur et su-* » *mus*, il est très clair que l'idée du » pur espace avec tous ses attributs » s'évanouiroit à l'instant. » Ici j'entens mieux l'auteur qu'il ne s'en- tend lui-même ; mais je me garde-

P. 464. note.

rai

rai bien de rendre sa pensée.

Qui a pu l'engager à soutenir que le pur espace étant selon lui un pur rien, a le même genre d'étendüe que les corps ? je l'ai déja indiqué. Les ordonnées négatives d'une courbe, sont du même genre que les positives, et c'est ce qui fait illusion à l'auteur. Mais pourquoi sont-elles du même genre ? C'est que les unes et les autres sont également réelles ; au lieu que soit qu'il considere l'étendüe comme une façon de connoître les corps, soit qu'il la regarde comme une proprieté essentielle aux corps mêmes ; l'absence de l'étendüe d'un corps, sera ou le néant d'impression dans l'ame, ou le néant de l'étendüe du corps. Or le néant est-il du même genre que la réalité ?

Après avoir détaché l'étendüe de

la matiere, l'impénétrabilité de l'étendüe et de la solidité, mr. Néedham croit être en état d'expliquer le mystere de la transubstantiation, qu'il détruit du même coup dont il anéantit l'univers. Il ne sçait pas assez que quoique nos mysteres ne soient pas contraires, dans la vérité, ni à la physique ni à la métaphysique, ils ne sont pas liés au peu de connoissances que nous avons dans ce monde, par rapport à ces deux sciences. Nous sommes bien certains qu'il nous manque bien des principes de physyque et de métaphysique; c'en est assez pour nous persuader que les lumieres naturelles nous manquent pour expliquer les mysteres. Il suffit que Dieu même nous les ait transmis par les écritures et par la tradition, pour que nous les croyions, sans sçavoir comment les concilier

concilier avec nos connoissances naturelles, que nous ne pouvons souvent accorder entr'elles. C'est une folie de rejetter un fait qu'on nous annonce de la part de Dieu, sur ce que l'on ne le croit pas possible. Il est arrivé par un trait bien singulier de la providence, que les mêmes hommes qui trouvent de l'impossibilité dans le dogme de la transubstantiation, décident qu'il ne répugne pas que la matiere puisse penser, croient qu'on peut dépouiller la matiere de l'étendüe, et tirent de la toute-puissance, les preuves prétendues de tous ces dogmes inconcevables, pour ne rien dire de plus : n'est-il pas bien remarquable que ceux qui rejettent la transubstantiation admettent des principes à la faveur desquels on pourroit hazarder tout ce qu'il y a de plus incompréhensi-

ble ?

ble, pendant que les catholiques retiennent également et le mystere de la transubstantiation et les vraies notions de l'étendüe : c'est que ceux-ci sçavent qu'on ne doit ni réformer la nature sur les mysteres, ni les mysteres sur la nature. Au reste, il est plus facile qu'on ne pense de tirer même des notions naturelles du corps humain, certains principes qui démontreroient que le dogme de la transubstantiation n'est point un dogme *stupide*, comme a osé l'avancer un savant * dont je pleurerai toujours la défection malheureuse. Une hypothese qui expliqueroit physiquement tout ce qui paroît dans la transubstantiation de plus incompatible avec la notion des corps, pourroit bien ne pas rendre le plan sur lequel le tout-puissant a formé l'eucharistie;

* Le P. Courayer ; trad. de Fra-Paolo.

mais

mais elle ne démontreroit pas moins l'inconséquence des raisonnemens dont s'est appuyé ce savant infortuné. Par cette hypothese on ne présenteroit pas d'une main sacrilége le flambeau au mystere ; on ne prétendroit pas même l'expliquer, mais on prouveroit que, si l'homme peut lier les connoissances qu'il a de la nature avec le dogme révélé ; l'auteur souverain de la physique a dans la partie immense de la physique et de la métaphysique qu'il ne lui a pas plû de nous révéler, bien d'autres moyens d'effectuer ce qu'il prononce. C'en est assez pour justifier la créance de l'église, contre les imputations du nouveau traducteur de Fra-paolo, et pour conserver la simplicité de la foi : je pourrai dans la suite, si l'occasion s'en présente, vous développer l'hypothese dont je viens de vous parler.

3°. Qu'est-ce donc que la matiere? Les sens de mr. Néedham vont vous l'apprendre, car les vôtres ne vous donnent certainement pas de pareilles leçons. » Je dis » donc; si la matiere est essentiel» lement un composé, comme » nous sçavons qu'elle l'est en effet, » la seule maniere de nous expri» mer intelligiblement et confor» mément à la vérité, est de la ré» soudre en principes simples; ces » principes ne sont pas de la ma» tiere, parce qu'ils ne sont pas » eux-mêmes composés; ils ne sont » pas non plus étendus et divisi» bles, parce qu'ils n'ont point de » parties; ce sont des substances » dans lesquelles l'essence, l'exis» tence et l'action se terminent en » derniere raison : par conséquent » ils

III. Principes que m. Néedham donne à tous les corps. P. 334.

» ils sont absolument individuels.
» Ils se combinent pour former
» des composés physiques, qui par
» leurs forces réunies, produisent
» des impressions sensibles. Il y a
» donc une alternative continuel-
» le d'action et de réaction : l'éten-
» due, l'impénétrabilité, la co-
» hesion, etc. sont des idées con-
» séquentes à des impressions phy-
» siques produites sur ce systême
» que nous appellons notre corps,
» et par conséquent rélatives à la
» quantité et à la qualité de l'action
» extérieure qui les engendre, aus-
» si bien qu'aux forces du systême
» qui les reçoit. Tout composé
» physique est donc une combinai-
» son d'agens simples d'une nature
» différente et même opposée. Si
» plusieurs agens contraires se réu-
» nissent ensemble pour produire
» en nous l'idée d'impénétrabilité,

» parce qu'ils sont essentiellement » actifs et réactifs ,alors plusieurs » agens peuvent concourir à donner l'idée d'étendue solide , physiquement une sphere solide, ou » une masse sensible, et métaphysiquement une quantité d'action complexe sensible et divisible. . . . . . . Les premiers principes . . . . doivent être de nature très différente et même opposée; non-seulement leurs actions » et réactions mutuelles , qui suivant notre maniere de penser » sont autant de points d'union et » de cohesion , l'exigent , mais les » effets dissimilaires et même contraires . . . . le démontrent. » Des puissances par exemple aussi opposées que celles d'activité » motrice et de résistance, ne peuvent peut-être pas être imaginées » subsister dans le même sujet ;

„ mais

» mais avons-nous pour cela péné-
» tré intimement dans la nature
» absolüe de ces agens naturels ?
» Rien moins que cela. »

P. 340. » Nous disons donc que cet
» agent est résistant, ou que cet
» agent est moteur; non que nous
» prétendions par-là avoir pénétré
» leur nature absolüe, *ce qui est im-*
» *possible* à une puissance qui ne ju-
» ge que par comparaison, mais
» parce que ce sont les effets pri-
» mitifs et les plus immédiats d'une
» causalité dont nous ne pouvons
» absolument avoir aucune idée
» directe. Il paroît que tel est l'or-
» dre actuel de nos connoissances,
» que nous ne pouvons concevoir
» l'agent résistant comme résis-
» tant, sans l'agent moteur, ni l'a-
» gent moteur comme moteur, sans
» le résistant. .... L'idée directe
de

» de résistance ou d'activité motri-
» ce, n'est gueres plus à notre
» égard qu'une idée purement né-
» gative de son alternative. »

Il me semble mr. qu'en vous rapportant ce très-long passage, j'ai bien rempli mes engagemens à votre égard, qui étoient de vous démontrer combien le systême de mr. Néedham étoit inintelligible. Vous êtes maintenant bien convaincu par ce texte mystérieux que c'est tout ce que vous pouviez vous promettre raisonnablement de moi. Faisons-en cependant une courte analyse. Voilà donc à quoi se réduit la doctrine de mr. Néedham sur la nature des corps. Leurs élemens, ceux de la matiere sont des substances simples dont chacune n'a ni étendue ni parties; leurs diverses combinaisons forment des composés physiques ; ces combinaisons ne sont ni étendues, ni figurées, comme nous croyons les voir, puisqu'elles ne sont que *des modes de perception* ; mais les forces contraires et réunies de ces agens dans chaque combinaison, produisent des impressions sensibles qui sont les idées d'étendue, de figure, d'impénétrabilité, de cohésion. Nous appellons un corps physique une sphere, non pas à cause que dans la combinaison un des élemens étant centre, est également distant de tous les élemens par lesquels le corps est terminé, il n'y a rien de tout cela dans la combinaison du corps que nous appellons globe ; mais cette combinaison est telle, qu'elle excite en nous une façon d'appercevoir, laquelle est la figure sphérique, ou une masse sensible. Je sçai bien

que

que tout cela ne vous paroîtra pas fort clair, aussi ne vous le donnai-je pas pour tel. Vous ne comprenez gueres comment la cohésion qui fait la solidité des élemens dans la combinaison, n'est cependant qu'une façon de penser, non plus que la solidité qui en résulte : mais c'est la pensée de l'auteur; et pour vous en convaincre, il suffit que vous vous rappelliez que la nature de ces agens élémentaires nous est parfaitement inconnue : or si la figure, si la cohésion de ces mêmes élemens appartenoit réellement à leur combinaison, nous connoitrions quelques-unes de leur propriétés, et ce qu'ils peuvent faire lorsqu'ils sont combinés; ils formeroient une étendue réelle, une figure déterminée; l'idée que nous avons de telle figure en particulier auroit un modéle hors de notre ame me dans quelque combinaison de ces élemens ; l'idée de l'étendue auroit hors de notre ame un modéle dans toute combinaison de ces mêmes élemens simples; et vous avez vu mr. que l'auteur est bien éloigné d'admettre aucune de ces conséquences.

Enfin, ces agens nous sont si inconnus, qu'étant tous distribués en moteurs et en résistans, l'idée directe de ces deux propriétés, la résistance et l'activité motrice, ne sont gueres plus à notre égard qu'une idée purement négative de son alternative. Ainsi la résistance est une idée négative de la force motrice, laquelle est en même tems l'idée négative de la résistance. Voilà certainement une idée bien bisare et bien obscure. Il est vrai que mr. Néedham la restraint un peu,

en

en disant, que l'idée de résistance, n'est *gueres* que la négative de l'idée de force motrice : mais qui dévinera surquoi est fondée cette restriction ? La résistance de ces élemens ne ressemble donc à rien de ce que nous voyons dans le choc des corps, la force motrice n'agit point par un mouvement interne ; car le mouvement n'est encore qu'un mode de perception, comme vous l'avez déja vu tant de fois, mr.

Vous ne concevez pas mieux ce qu'il dit : que *l'étendue*, *l'impénétrabilité*, *la cohésion*, etc. sont des idées conséquentes à des impressions physiques produites sur ce systême que nous appellons notre corps. Comme nous n'avons aucune idée des combinaisons des élemens, qui selon lui sont les corps, que ce qu'il appelle systême de notre

corps,

corps, est une autre sorte de combinaison qui nous est inconnue; nous ignorons aussi qu'elles peuvent être ces impressions, auxquelles les idées qui en découlent ne ressemblent en rien : je ne sçai même comment l'auteur pourroit nous expliquer l'idée que nous avons de l'étendue, de l'impénétrabilité, de la solidité, de la cohésion des parties de notre propre corps. Et dans le vrai, c'est cependant dans le sentiment que nous en avons que nous trouvons un des fondemens de nos connoissances sur l'étendue, sur la divisibilité, sur les nombres mêmes.

Mais ne nous lassons pas de marcher dans des routes si ténebreuses, et voyons si la suite des nouvelles leçons de mr. Néedham nous procurera enfin quelque espece de lumiere.

» Il est nécessaire maintenant, » dit-il, de tâcher de déterminer ce » que c'est que la matiere, et de fi» xer l'idée précise qu'on doit en » avoir dans les principes de géné» ration universelle que j'ai établis. » Il paroît par ces principes, que » la matiere est un composé dans » lequel un nombre d'agens sim» ples se combinent ensemble en » unissant leurs différentes forces, » non-seulement pour cohexister, » mais pour agir conjointement, » ce qui rend le composé comme » une seule substance. De-là vient » toute notion de corporéïté, mê» me la plus générale, ou toute » l'idée que nous y attachons; et » c'est le résultat de cette combi» naison que nous appellons ma» tiere. Les agens simples lors» qu'ils sont séparés, occupent » une place par une activité simple; P. 453 et 454.

mais

» mais la matiere composée occu-
» pe une place par une coactivité
» intimement combinée de plu-
» sieurs agens, une résistance mê-
» lée qui en même tems qu'elle exci-
» te en nous une idée de parties
» existantes, hors d'autres parties,
» lui ajoûte celle de solidité, d'où ré-
» sulte cette idée combinée que
» nous appellons étendue solide.
» .... Disons donc pour par-
» ler avec précision, que la matie-
» re est étendue parce que c'est une
» combinaison de parties et les
» agens résistants ne le sont pas,
» parce qu'ils sont simples. Mais
» *quoique les agens résistans simples n'oc-*
» *cuppent point de place en ce sens*, ce-
» pendant on ne doit pas dire qu'ils
» n'en occupent en aucun sens;
» car il y a une place occupée par
» une simple activité, et il y en a
» aussi une d'occupée par une acti-

» vité

vité combinée, et c'est cette derniere seule qui excite en nous l'idée de corporéïté, telle que nous l'avons, et celle d'étendue matérielle. Les agens simples dans notre état présent, et dans le rapport que nous avons maintenant avec l'univers sont insensibles pour nous, s'ils sont séparés l'un de l'autre, parce que l'action d'un seul, ou d'un petit nombre est trop foible, pour exciter en nous l'idée de leur présence; mais l'activité combinée d'un nombre suffisant excite l'idée d'étendue solide. » Plus nous avançons, plus l'obscurité redouble, plus les phantômes se multiplient.

Il vous semble que l'auteur reconnoît encore ici une étendue substantielle dans la matiere, puisqu'en la définissant il y trouve une espece d'étendue ; mais quand on approfondit le passage que vous venez de lire, on juge au contraire que m^{r}. Néedham se tient ferme dans les principes que j'ai cru voir dans son livre. Car enfin, les agens élemens de la matiere selon m^{r}. Néedham sont simples, sans parties et sans étendue, leur substance est sans volume, *et n'occupe point de place* : leur activité en occupe à la vérité, non dans l'espace qui n'est rien selon l'auteur, mais dans le mode de perception de notre ame. Il nous a dit que l'étendue n'est que l'effet des actions simultanées, et ces actions simultanées sont celles des agens simples sur notre ame. Il nous a dit que la matiere telle que nous la connoissons, n'est qu'un pur phénoméne, un résultat complexe et un concours de plusieurs effets différens ;

parce

parce que la connoissance que nos sens nous donnent de la matiere est la même que celle qu'ils nous donnent de l'étendue ; et comme la cause de cette sensation, de ce mode de perception est la combinaison de l'action des êtres simples, il appelle cette combinaison matiere et étendue.

En effet, ces élemens ne peuvent faire une étendue hors de nous qu'ils ne soient unis, qu'il n'y ait de la cohésion entre eux, qu'ils ne fassent ce qu'on appelle dans l'école, un continu. Mais ils n'ont point de surface ni supérieure, ni inférieure, ni laterale. Il implique donc qu'ils soient contigus ; qu'un seul étant entre deux autres les sépare ; qu'il touche le premier par un de ses côtés, et le second par un autre. Trois de ces élemens ne peuvent donc faire ni une ligne, ni partie d'une ligne: neuf ne peuvent faire un quarré ; 27 ne peuvent faire un cube ; multipliez tant d'esprits qu'il vous plaira, vous n'en ferez jamais une ligne cubique ; les élemens de mr. Néedham sont des êtres simples qui équivalent à des esprits. Il a bien senti la difficulté, c'est pourquoi il avoüe rondement qu'un de ses élemens n'occupe point de place par sa substance, et qu'une combinaison de plusieurs élemens n'en occupe pas non plus, mais ils en occupent par leur activité. Où ? sur notre corps ; mais ce corps est également une combinaison d'agens simples qui ne peut pas occuper plus de place ; ce ne peut donc être, si l'on suit les idées de l'auteur, que dans ce mode de perception qu'ils forment en nous, et qu'il appelle l'étendue.

Suivons

Suivons donc mr. Néedham et ne lui prêtons rien, ne reconnoissons avec lui aucune étendue dans la matiere, mais seulement la cause de l'étendue, ou de notre façon de recevoir les impressions de la matiere, que nous confondons mal-à-propos avec elle, comme nous identifions les couleurs avec les objets. Il se met par-là dans une position très avantageuse, et dont aucun Philosophe ne s'étoit saisi. Il peut faire valoir toutes les objections qu'on propose contre la divisibilité de la matiere à l'infini, sans redouter celles qu'on fait contre les points de Zenon. A la vérité on lui dira que dans son systême, tous les mouvemens rélatifs et absolus des corps sont imaginaires, aussi-bien que leurs chocs, leur ressort, l'état qui les fait appeller mols, fluides, etc. Mais il pourra répondre que tous ces états ne sont que des propriétés sensibles de la matiere, des modes de perception qui ne sont pas plus imaginaires que les couleurs; que les actions inconnües des corps auxquelles sont dûs ces modes de perception, ont des propriétés correspondantes, mais dont nous n'avons aucune idée. Les partisans des atômes ne pourroient adopter cette réponse.

Mais si mr. Néedham peut se dérober aux coups que l'on porte dans les écoles, aux sectateurs des atômes, sa façon de penser a des difficultés qui lui sont propres, et elles me paroissent insurmontables. Il reconnoît dans ses élemens simples et inétendus, de la matiere, de l'activité et de la résistance. On lui dira que des êtres simples sont incapables d'agir les uns sur les autres. Nous ne connoissons que deux sortes d'activité : celle de la liberté qui ne consiste que dans un choix de soi-même, inefficace dans les créatures, et réalisant infailliblement et efficacement ses termes dans le créateur. Mr. Néedham ne reconnoît ni l'un ni l'autre dans ses élemens, ainsi il ne doit point en être question. La seconde espèce d'activité ne consiste que dans les loix de la communication des mouvemens, ou si l'on veut, dans celles de l'attraction. Cette sorte d'activité ne peut avoir lieu dans des élemens simples, il implique qu'ils puïssent s'entr'heurter, puisqu'il implique qu'ils se touchent par differens côtés qu'ils n'ont pas : ils ne peuvent donc se communiquer de mouvement en aucune direction, ils ne sont susceptibles

ceptibles ni de lenteur, ni de vitesse, ni de repos; car le repos suppose une situation fixe d'un de ces êtres simples par rapport à d'autres, et le mouvement une variation successive de situations. Or ni un de ces êtres simples, ni un certain nombre de ces êtres ne peut être conçu dans une situation, puisqu'on ne peut dire sans contradiction que tel de ces êtres a ceux-ci à sa droite, ceux-là à sa gauche, ceux-ci devant, ceux-là derriere, ceux-ci au dessus, ceux-là au dessous: rien ne peut les séparer, comme rien ne peut les rendre contigus; ils sont donc totalement hors de prise par rapport aux loix de la communication des mouvemens, ou à celles de l'attraction. Il faut cependant que ces êtres combinés fassent une impression sur ce que m[r]. Néedham appelle le systême de notre corps ; mais ce corps même auquel nous sommes unis est composé d'élemens inétendus, indivisibles, n'ayant ni volume ni superficie ; il ne peut donc être touché, ni poussé, ni pressé par aucun des élemens des combinaisons qui lui sont étrangeres ; ses parties ne sont pas plus susceptibles d'ébranlement, de mouvement, que tout le reste de la matiere.

Portât-on la liberté de tout imaginer et de tout avançer jusqu'à attribuer à ces êtres simples l'activité propre à notre volonté, celle-même qui ne convient qu'à Dieu seul, une activité qui réalise ses termes, elle ne serviroit de rien à ces élemens. La toute-puissance même leur seroit inutile, puisqu'ils ne gardent entre eux, ni un état fixe, ni un état successivement varié,

rié, puisqu'en un mot ils n'occupent ni ne peuvent occuper aucune place les uns à l'égard des autres. Fussent-ils tout-puissans, ils ne pourroient ni s'approcher, ni s'éloigner les uns des autres, ni suivre une ligne droite, ni décrire une courbe quelconque. Que devient donc cette prétendue activité intrinseque au corps dont m^rs^. Néedham et de Buffon étoient convenus antérieurement à toutes leurs observations physiques ? Quelle espece d'activité pourroit être dans les corps ? De quel usage seroit cette activité à des êtres qui ignorent parfaitement et les circonstances où ils se trouvent, et la loi précise sur laquelle ils doivent se régler en employant leur activité ? toute loi humaine suppose une intelligence et dans celui qui l'établit, et dans celui qui y obéit. Mais

celles

celles de la nature étant les volontés absolües du tout-puissant, produisent par elles-même les mouvemens quelles déterminent ; et ne supposent ni connoissance ni volonté dans les corps qui leur sont soumis.

Il paroît d'abord que mr. Néedham pourroit aisément éluder toutes les difficultés que je viens de faire entrevoir, en se retranchant dans les mysteres dont son systême est une source intarissable. Il nous diroit que l'activité qu'il attribue à ses élemens, n'est ni de l'ordre de celle qu'on reconnoît dans les corps, ni de l'ordre que nous sentons en nous mêmes; que c'est une 3e. espece d'activité très éloignée de nos connoissances ; qu'il réduit l'activité de la matiere à deux forces, l'une expansive ou motrice, et l'autre l'autre résistante; qu'il ne faut pas s'imaginer que la force expansive consiste dans le pouvoir qu'auroient ces êtres simples d'étendre leurs volumes, et la force résistante le pouvoir de s'opposer à cette expansion ; c'est un je-ne-sçai-quoi, qu'il nous est par conséquent impossible de définir, et auquel cependant nous devons attribuer comme à sa cause tout ce que nous connoissons dans les perçeptions que nous devons à nos sens. Mais vous allez voir, mr. qu'il ne peut avoir recours à ces faux-fuians, puisqu'il reconnoît un vrai mouvement dans ses élemens inétendus, en quoi il se contrarie visiblement.

Dans un des résultats de son ouvrage, car son livre finit en plus d'un endroit, il fait le précis de sa doctrine sur les élemens du mon-

de.

de : » Il résulte, (c'est ainsi qu'il » s'explique,) de tout ce que nous » avons dit. 1o. Qu'il y a des principes actifs dans l'univers qui produisent de leur propre nature cet » effet que nous appellons mouvement. » Par ce 1er. point capital de son systême, l'auteur distingue le mouvement du principe actif, comme l'effet de sa cause. Mais où le principe actif produit-il le mouvement? Est-ce dans sa substance, dans l'être simple auquel il appartient ? Est-ce dans les autres agens de même nature que cet être simple? Est-ce dans les agens résistans ? Nous avons prouvé que le mouvement est impossible entre tous ces prétendus êtres, parce que nul être simple ne peut avoir aucune espece de situation ; il ne peut être mû ni en ligne droite ni en ligne courbe, et n'ayant point de

P. 320.

côté

côté il ne peut être dirigé vers aucun point. Il faudroit donc, afin que mr. Néedham se soutînt, qu'il regardât le mouvement, non comme résident dans les corps, mais comme un mode de perception produit dans l'ame par les corps. Et il semble que ce soit son idée ; car après l'énumération de ses principes, il nous dit :
P. 322. » La nature de » l'agent primitif et sa force innée » telle qu'elle est en elle-même, » nous sont entierement cachées ; » et les premieres causes physiques » dont nous pouvons avoir quelque idée, ne sont que les premiers » effets des principes actifs sur » nous. » Cependant il reconnoîtra bientôt du mouvement dans les principes simples qu'il donne à la matiere.

Ecoutons-le : » Il y a un milieu

» parfaitement élastique, et qui
» n'apporte presque aucune résis-
» tance, qui est doüé d'un *mouve-*
» *ment* intestin continuel, et qui
» par conséquent est expansif en
» tout sens. » Un mouvement intestin dans ce milieu est certainement étranger à nos modes de perception. Il explique ce milieu élastique dans un endroit où il détermine quel est le sujet sur lequel l'activité innée d'un des élemens s'exerce. » 2°. La force par laquel- P. 414.
» le les agens moteurs et résistans
» agissent l'un sur l'autre est innée
» à chacun deux ; mais pour qu'ils
» l'éxercent il faut un sujet conve-
» nable ; et par leur nature et leur
» constitution ils sont seuls l'un à
» l'égard de l'autre ce sujet conve-
» nable : par conséquent toute la
» force des agens moteurs qui en-
» vironnent la sphere, (voilà
son

» son milieu élastique) est nécessairement déterminée à agir en en-bas sur les résistans ; et chaque combinaison résistante prendra sa place suivant l'ordre de sa résistance ; c'est-à-dire, les plus expansifs et les moins résistans seront toujours les plus élevés, tandis que les plus résistans et les moins expansifs sont repoussés le plus loin en en-bas dans une ligne droite, parce qu'ils obéissent le moins à la force qui les pousse. » Par ces derniers mots il insinüe que dans son milieu élastique les combinaisons différentes, faites presqu'uniquement d'élemens expansifs, ont des mouvemens en ligne courbe. En même tems que l'auteur attribue du mouvement à ces êtres simples, il leur reconnoît du haut et du bas, ils leur reconnoît une superficie, puisque

que les expansifs sont mûs en tout sens : Or il n'y a des mouvemens en aucun sens pour un être qui n'a point de côtés différens, et dont les limites ne répondent point à divers points. Il reconnoît du choc au moins d'une combinaison expansive à une combinaison résistante, puisque celle-ci est poussée en en-bas par la premiere. Il reconnoît contre ce qu'il a prononcé expressément, que ces élemens inétendus occupent une place, puisqu'ils en changent. Il reconnoît que l'étendue et la figure qui ne sont selon lui que des modes de perception, appartiennent réellement et dans un sens absolu aux combinaisons de ces diverses substances simples. Ce sont-là tout autant de contradictions où l'auteur se perd.

» 3°. Il y a des principes de ré- P. 327.

» sistance dans la nature qui par leur
» propre force s'opposent au mou-
» vement, ou qui suspendent cette
» espece d'action qui le produit.
» Cette force est très grande puis-
» qu'on peut appliquer à son anta-
» goniste, à la force expansive, ce
» qu'on lit dans l'écriture sur les li-
» mites de la mer: *Huc usquè venies, et*
» *hic confringes tumentes fluctus tuos.* »

On ne voit pas ce que fait ici ce passage de l'écriture. On croiroit que la résistance consisteroit dans une contrariété de mouvement, mais on se tromperoit, c'est une opposition au mouvement, c'est la force d'inertie. Le moteur et le résistant ne seroient pas essentiellement différens, si étant tous deux également mobiles, ils n'étoient distingués que par l'opposition de leurs directions. Le caractere de l'élement expansif est l'action, celui

de

de l'élement résistant est la réaction. Mais action et réaction ne signifient point que ces élemens se poussent et se repoussent mutuellement, comme on pourroit se l'imaginer ; la combinaison de ces deux forces est toute la nature: » Que les » agens moteurs et résistans .... » viennent à se rencontrer, alors » l'action qui étoit auparavant sim- » ple, dans chacune séparément, et » intérieure, devient composée et » extérieure ; » (Vous le voyez ; bien loin de s'entre-repousser, les deux activités opposées des agens essentiellement différens se combinent,) » ce qui est si nécessaire » pour produire des opérations » sensibles, que sans cette inter- » vention mutuelle leurs différen- » tes activités n'auroient aucun ef- » fet : Delà s'ensuivra une union » physique entre les deux agens, » ou

P. 275 note.

» ou à prendre la chose métaphy-
» siquement, une alternative per-
» pétuelle d'action et de réaction.
» . . . . La figure, la densité,
» la cohésion des parties, et toute
» différence substantielle, secon-
» daire, entre composé et compo-
» sé, s'ensuivent naturellement. »
Si les sens disent tout cela à m.
Néedham, il faut que les siens ayent
des propriétés que n'ont pas les
nôtres.

» 4°. (L'auteur continue son résultat.) » Tous les composés physiques de quelque espece qu'ils soient, ne sont que des différentes combinaisons des principes opposés.

» 5°. Tout se fait par gradation dans la nature. » Que conclure du résultat de m. Néedham? Que ses

s'en

sens le ramenent malgré lui à la façon de penser de tous les hommes. Qu'il admet dans chacun de ses élemens, qu'il suppose simples et sans parties, différens côtés qui répondent à des points en haut, en bas, à l'orient, à l'occident; une superficie en un mot, une étendue réelle, une figure. Qu'il suppose que chaque élement occupe par sa substance une place, peut changer, être pressé, heurté, chassé suivant différentes directions par d'autres élemens simples comme lui; qu'enfin les mouvemens sont réellement dans les corps et ne sont point seulement dans l'ame des façons de recevoir les impressions de ces mêmes corps. Peut-on être plus contraire à soi-même?

Vous le sentirez encore mieux

en

p. 402. note.

en lisant ce qui suit : » Si la combinaison expansive tombe sur le corps résistant en une quantité suffisante, ou elle le repoussera par un mouvement direct, comme une balle de mousquet est repoussée par l'expansion de la poudre à canon, ... ou elle s'insinuera peu-à-peu dans ce même corps, .. et enfin le réduira en fusion ; ou elle pénétrera dans le corps résistant tout-à-coup avec tant de rapidité et en si grande quantité, qu'elle le dispersera dans un instant, en un nombre infini d'atômes. »

C'est dans le dernier article du résultat que se trouve le vrai but de la doctrine de mr. Néedham et l'unique fin où elle tend. De toutes les combinaisons possibles des principes opposés de la nature, il forme

forme une échelle d'êtres dont il est extrêmement préoccupé, c'est cette échelle qui l'a probablement engagé dans la route obscure qu'il a suivi. Mais les deux especes d'élemens moteurs et résistans, ne lui suffisent pas pour en former tous les degrés; il etablit d'autres élemens sur lesquels il insiste peu, mais qu'il glisse fort adroitement. Voici comme il s'explique lui-même : » Toute combinaison *physi-* P. 267.
» *que* peut se réduire en derniere
» raison à un certain nombre d'a-
» gens simples, dont la différente
» causalité produit ces différens ef-
» fets que nous appellons *resistance*,
» *mouvement*, *sensation*, *ou pensée*, sui-
» vant leurs différentes combinai-
» sons. »

Vous êtes sans doute surpris, mr., de trouver au rang des com-

binaisons

binaisons physiques, les agens simples dont la différente causalité à pour effets la sensation ou la pensée. Cependant si le systême de mr. Néedham étoit vrai, il faudroit bien convenir que l'ame même peut entrer dans ces combinaisons; car si ces sortes de combinaisons n'ont rien qui serve de modéle aux idées que nous avons d'étendue, d'impénétrabilité, de figure, de divisibilité, de solidité; pourquoi l'ame de l'homme ne pourroit-elle pas être combinée avec des êtres simples comme elle, et avec lesquels elle ne composeroit rien de solide? Et si ces élemens tout simples qu'ils sont peuvent être contigus, près ou loin les uns des autres, s'ils sont capables de mouvemens, quel privilége auroit notre ame pour se dispenser de s'unir à eux, et d'être assujetie aux vicissitudes qu'ils éprouvent.

Voici comment mr. Néedham a imaginé son échelle : » Je pensois, dit-il, qu'il étoit très-raisonnable d'admettre une échelle qui s'étendroit sur toute la nature. Les lignes d'intelligence, de sensation, de vitalité, de simple mouvement se suivent l'une l'autre dans une gradation naturelle ; car si on doit croire que l'organisation se termine en intelligence, en sensation ou en vitalité, non-seulement prises génériquement, mais considérées dans toutes les différences les plus délicates, ensorte que chaque ligne séparée puisse être variée *dans chaque partie insensible*, autant qu'il est possible ; il suit évidemment qu'il y a une ligne dans la nature où la spontanéité aban- P. 188.

» donne l'organisation, et laisse u-
» ne pure machine naturelle qui n'a
» aucune spontanéité. »

Lorsque nous parlerons du rang que les animaux occupent dans cette échelle, nous reviendrons à ce qui vous blesse infailliblement dans une doctrine aussi monstrueuse. Il suffit que vous conceviez maintenant que l'échelle des combinaisons physiques renferme la résistance, le mouvement, la sensation, la pensée.

L'échelle de la nature suivant mr. Néedham a plusieurs degrés
p. 248. d'exaltation : » Une échelle d'e-
» xaltation, nous dit-il, graduée
» avec la derniere délicatesse, beau-
» coup plus exactement qu'il n'est
» possible de le concevoir, don-
» neroit des combinaisons innom-

» brables

» brables dans chaque proportion » requise d'expansion et de résis- » tance. »

Qu'est-ce que cette exaltation ? Vous allez l'entrevoir confusément : » Les principes d'une com- » binaison physique dans le systê- » me qui est ici établi, peuvent s'é- » lever à un plus haut degré d'exal- » tation, ou s'abbaisser à un état » moins exalté : s'ils s'élevent, l'éle- » ment engendre une plus grande » proportion d'activité motrice, » et moins de résistance ; et les » parties intégrantes ont des vibra- » tions plus promptes dans de pe- » tits arcs. » On ne sçait si dans certaines combinaisons l'élement expansif acquiert des degrés d'expansion, ou s'il veut dire que dans les combinaisons où il y a plus d'élemens expansifs que de résis-

tans,

tans, la combinaison est plus exaltée à proportion de la supériorité du nombre des premiers sur les seconds. Cependant il semble qu'il s'en tiendroit à la derniere explication.

Il explique ailleurs plus au long les effets de l'exaltation : » L'exaltation des combinaisons physi-
» ques, ou la force *dissolvante de la*
» *nature*, s'arrête-t-elle précisément
» à ces degrés d'atténuation néces-
» saire pour ne donner des parties
» analogues dans chaque circons-
» tance, que pour la structure des
» corps organisés ? C'est ce que ni
» la raison, ni l'expérience ne nous
» permettront de croire. Cet at-
» mosphere de particules transpi-
» rées qui environnent chaque
» corps organisé, ces exhalaisons
» qui s'élevent des substances ani-

» males et végétales infusées, et
» qui s'atténuent de plus en plus à
» mesure qu'elles s'en éloignent,
» font voir évidemment que les
» particules sont susceptibles d'une
» plus grande exaltation que celle
» qui est nécessaire pour qu'elles
» soient assimilées dans quelque
» partie spécifique d'un corps or-
» ganisé, ou pour qu'elles pénétrent
» aussi loin que les parties inté-
» grantes d'une substance moins
» exaltée. C'est donc dans cette
» échelle que sont contenues les
» puissances de chaque combinai-
» son physique; car les composés
» matériels peuvent-être considé-
» rés, ou lorsqu'ils s'élevent par
» une décomposition continuelle,
» à la puissance la plus exaltée, ou
« lorsqu'ils descendent, par la com-
» position, à celle qui l'est le
» moins, comme passant perpé-

» tuellement

» tuellement d'un état à un autre,
» et contenant une gradation d'é-
» lemens ou de combinaisons. Les
» différens degrés de cette échelle
» peuvent donner les qualités de
» chaque espece d'aliment ; . . . . . .
» en un mot tous les élemens qui
» jusqu'ici ont été observés dans la
» nature, l'éther élastique lui-mê-
» me, où se trouve peut-être la
» plus grande proportion d'activi-
» té motrice, avec le moins de ré-
» sistance. Dans cet élement la
» combinaison est probablement
» simplifiée autant qu'elle peut l'ê-
» tre par les puissances de la natu-
» re, et la matiere presque réduite
» à ses premiers principes. Il y a
» lieu de croire qu'il en est de même
» dans le microcosme, ou le corps
» animal, où cette gradation doit-
» être nécessaire pour qu'il puisse
» naturellement s'unir à cet agent

» parfaitement

» parfaitement simple, le principe sensitif ou intelligent. » Je ne vous ai pas cité ce texte un peu long pour vous l'expliquer, mais pour vous convaincre de toute l'obscurité dont le systême de mr. Néedham est enveloppé dans les endroits même ou il s'est plû d'avantage à l'expliquer.

Tout ce que je puis recueillir de ces détails de mr. Néedham, c'est qu'une combinaison physique est caractérisée par les doses d'élemens expansifs et résistans qui y entrent. Chaque combinaison produit dans chaque partie un genre particulier d'oscillations. » Les combinaisons
» dont les parties intégrantes font P. 412.
» leurs vibrations avec une égale » vitesse dans des arcs égaux, » ou à peu près, sont similaires ou assimilables. Car, dit-il, » elles ten- P. 348.

» dront

» dront naturellement à se réunir » par l'harmonie de leur action » mutuelle l'une sur l'autre. » Il paroît confondre ici l'harmonie avec l'unisson, ce qu'un musicien ne lui passeroit pas.

Si vous voulez vous former une idée de cette derniere doctrine, n'allez pas vous répresenter plusieurs pendules simples faisant leurs vibrations avec une vitesse égale dans des arcs égaux. Car s'ils venoient à se rencontrer ils se repousseroient et leurs mouvemens seroient troublés; à moins qu'ils ne s'unissent au point précis où les arcs de leurs oscillations finissent. Et si au contraire l'un d'eux décrivant la partie de son arc à gauche, l'autre décrivoit la partie du sien aussi à gauche, leurs mouvemens subsisteroient en paix, mais dans

aucun

aucun cas on ne conçevroit point comment l'égalité de leurs oscillations les obligeroit de se mêler, de faire un tout. Vous pouviez vous faire une image plus convenable, en comparant aux mouvemens du cœur les oscillations dont il parle, en concevant toutes les parties intégrantes d'un corps comme ayant le même genre de sistole et de diastole. Mais cette image qui est la seule à mon avis qui puisse exprimer la pensée de mr. Néedham, ne vous aideroit point encore à comprendre comment il résulteroit de ce mouvement de sistole et de diastole, que les parties se rencontrant, pussent se mêler ensemble. Et d'ailleurs comment concevoir un mouvement de sistole, et de diastole dans un élement qui étant sans superficie, est dans l'impossibilité de se raréfier ou de

12. l. l

se condenser.

Dans un autre endroit il rapporte *l'assimilation*, non à l'harmonie, mais à une proportion ; et ce passage est très important, puisqu'il nous apprend ce que m^{r}. de Buffon

P. 349. entend par *assimilation*. » Pour en» tendre parfaitement cette consé» quence » (le mélange de deux combinaisons presque semblables,) » d'où dépend la nature de la nutri» tion et de l'assimilation de subs» tance, considérons une grada» tion de six combinaisons qui » soient entre elles en une parfai» te proportion, la moins exaltée, » de cohésion et de résistance pré» dominante ; la plus exaltée, de » subtilité et d'activité motrice : » je dis, que si la sixiéme et la plus » exaltée, est à la cinquiéme en acti» vité motrice, ce que celle-ci lui

» est

» est en résistance ; elles s'incorporeront par leur action et réaction » mutuelle, et engendreront une » nouvelle combinaison dans laquelle chaque particule, par exemple, n'aura que la moitié de » résistance, ou la moitié d'activité » motrice que les deux substances » avoient auparavant: » c'est-à-dire, qu'elles auront une nouvelle espece de sistole et diastole. Concevez maintenant, si vous le pouvez, comment cela se peut faire physiquement. Je ne le suivrai pas plus loin de peur de vous ennuyer ; ce peu suffit pour vous faire entrevoir ce qu'il entend par *assimilation*, soit dans la nutrition, soit dans la génération des animaux.

IV. Doctrine de m. Néedham sur les animaux.

4°. Nous sommes arrivés insensiblement à la doctrine de l'auteur sur les animaux. Il les distribue, comme

comme vous l'avez vû, en deux
classes. En machines naturelles,
(ce sont les animaux observés par
Leuwenhoeck et d'autres venus de
la corruption, qu'on voit au microscope, et qui n'ont point de
spontanéité,) et en animaux proprement dits. Ceux-ci ont, suivant
m^r^. Néedham, une ame distinguée
de la machine. Il faut l'entendre
P. 369. lui-même : » Le lecteur peut se
» rappeller que parmi plusieurs au-
» tres observations que j'ai rap-
» portées dans cet essai sur les in-
» fusions animales et végétales ;
» quelques substances suivant les
» puissances et les proportions de
» leurs principes, donnoient des dé-
» compositions d'une nature plus
» exaltée que d'autres; que les subs-
» tances originaires elles-mêmes
» differoient les unes des autres sui-
» vant les différentes proportions

» de

» de résistance et d'activité motrice ; que leurs différentes productions, rassemblées sous un point de vuë, donnoient une échelle d'êtres, dans laquelle les spontanés qui sont à la tête de cette échelle descendoient jusqu'à de pures machines naturelles ; que la faculté qu'avoient ces êtres de se mouvoir en toute direction se réduisoit peu-à-peu au mouvement oscillatoire, et que par conséquent l'organisation se simplifioit continuellement : enfin, que les plus simples dans leur faculté de se mouvoir à mesure qu'il décroissoient en masse, croissoient en vitesse.

Concevez-vous, mr., comment des machines naturelles produites par la décomposition et l'exaltation des parties des animaux, étant des

des machines plus simples et moins combinées, doivent pourtant occuper dans cette merveilleuse échelle un rang au dessous des animaux. Suivant l'auteur c'est l'exaltation qui regle les degrés en montant; la décomposition d'un animal par la corruption donnant des combinaisons plus simples, ces combinaisons devroient-être à des degrés plus élevés que le rang des animaux, si j'entens bien les principes de m^r^. Néedham. Ces idées d'échelle, de nuances imperceptibles de la nature frappent par leur nouveauté, elles sont riantes, mais elles ne sont pas heureuses; quand on les approfondit et qu'on les compare aux objets que l'on voit dans l'univers, on s'apperçoit qu'au lieu d'y mettre de l'ordre, elles brouillent tout.

Les machines naturelles n'ont

selon

selon mr. Néedham, que la vitalité animale. Cette vitalité est toujours supérieure d'un degré à la végétation. Mais cette différence n'est guères sensible quand on a saisi la définitîon de la vitalité telle qu'il la donne en général et en ces termes : » La simple vitalité dans » la plus grande proportion imaginable, telle qu'on l'observe dans » les végétaux, ou dans les animaux du dernier ordre, dont la » combinaison vitale est divisible » sans destruction, peut être le résultat de la seule structure, » suivant les principes que nous » avons établis, et une propriété » physique de la matiere active. » En admettant cette définition on est fort porté à penser que la vitalité dans une anémone simple est bien supérieure à ce qu'elle est, dans ces petites machines naturel-

P. 368.

P. 374. note.

les

l 4

les que m^r^. Néedham a vu au microscope, et dont toute la vitalité se réduit, selon lui, au mouvement d'oscillation. Que de mouvemens admirables pour produire les feuilles, la fleur, les graines, les étamines ! On ne peut donc s'empêcher de juger que la vitalité dans l'anémone simple, quoique réduite à opérer la seule végétation, doit occuper un rang fort au dessus de la vitalité des machines naturelles, dont m^r^. Néedham fait une classe à part dans le genre animal, et au-dessus du simple végétal.

P. 370. Il donne aux vrais animaux un principe supérieur à la vitalité : » Il » y a, dit-il, un degré d'organisa- » tion, ou des combinaisons si » complexes, qu'il faut un agent » spontané pour gouverner et diri- » ger leurs mouvemens. » Et plus

bas.

bas : » La même échelle d'activi- P. 374 et 375.
» té simple établie par Dieu, d'où
» nous tirons les premiers princi-
» pes de cette combinaison vitale,
» l'agent moteur et le résistant, ren-
» ferme et présente l'agent sensitif
» et intelligent, comme naturelle-
» ment uni au moteur, par tout où
» les loix établies par le créateur
» demandent cette union naturel-
» le. » Voilà mr. comment toute combinaison physique peut se réduire *en agens simples dont la différente causalité produit la résistance, le mouvement, la sensation, la pensée ; comment l'organisation se termine en intelligence, en sensation, en vitalité.* Quel jargon ! N'est-ce pas vouloir replonger la philosophie dans les ténébres, d'où tant de sçavans modernes ont essayé par leurs veilles de la tirer.

Suspendez encore votre juge-

ment.

ment. L'auteur distingue l'ame, de ses principes agens et moteurs ; et quoi qu'il appuye cette distinction sur des fondemens bien foibles et même très dangereux, il la suppose néanmoins. Voici ce
P. 374. qu'il en dit dans une note : » Quoi » que les principes d'un composé » matériel soient en eux-mêmes » des agens simples, aussi-bien que » les sensitifs ou les intelligens, ils » sont d'un ordre inférieur. Ils » sont actifs chacun dans leur gen» re: mais leur activité différe *essen» tiellement* de celle qui est sensa» tion ou pensée, *et ne suppose pas le » moindre degré de connoissance.* Com» binez à votre gré des puissances » inférieures, la résistance et l'ac» tivité motrice, il n'en résultera » jamais ni pensée, ni sensation. » . . . . La sensation et la pen» sée qui renferment nécessaire-

ment

» ment la sponranéité et la réfle-
» xion, ne peuvent dépendre que
» d'un agent simple et indivisible, et
» d'une nature bien supérieure à la
» simple activité motrice. Si l'a-
» gent résistant et le moteur diffé-
» rent essentiellement l'un de l'au-
» tre, et sont d'une nature entiere-
» ment opposée, le sensitif et l'in-
» telligent sont encore à plus forte
» raison d'une toute autre essence.
» Dans les générations physiques,
» la vitalité, la sensation, la pen-
» sée, se succédent l'une l'autre ré-
» gulierement, et paroissent suivre
» dans le même ordre, comme
» une conséquence immédiate, de la
» simple organisation. La raison
» en est évidente. Aucun agent
» soit sensitif ou intelligent ne peut
» dans *le systême présent* de la Provi-
» dence, exercer aucune faculté que
» d'une maniere dépendante de la

» combinaison

» combinaison matérielle, à laquelle il est uni. » Il avoit dit expressément au commencement de cette note : » Le composé naturel » ne peut influer sur la pensée ni » sur la sensation, qu'autant qu'il » sert occasionnellement à l'exciter dans des agens qui sont d'une toute autre nature que la » sienne. »

P. 261. note. Ailleurs en expliquant favorablement le systême de mr. Pope, il se demandoit : » Qu'est-ce donc » que l'homme consideré sous le » rapport qu'il a avec tous les êtres? » C'est une combinaison de différentes puissances rationnelles, » sensitives et végétales ; un certain systême d'esprit et de matiere combinés si diversement, » qu'il n'y a pas deux hommes parfaitement semblables ; cepen-

« » dant ces différences n'affectent « » pas l'essence humaine, qui dans « » tous les individus est toujours la « » même. »

Au premier coup d'œil, la doctrine que l'auteur vient d'exposer paroît irrépréhensible. La distinction de l'ame et du corps à la vérité n'y est pas prouvée, mais elle y est clairement énoncée. On est disposé à penser qu'il faut rabbatre des expressions dont on a été alarmé, et que lorsqu'il a dit que l'organisation se termine en intelligence, en sensation, en vitalité, il a voulu dire qu'une certaine organisation sert occasionnellement à exciter l'intelligence et la sensation dans des agens bien différens de ceux dont le corps organisé est composé. Après avois pris ces dispositions favorables pour lui,

on

on ne le suit pas de fort près dans ce qu'il enseigne sur la nature des ames des bêtes : c'est une opinion philosophique. Dailleurs il distingue l'ame des bêtes de celle des hommes, de la même maniere que le faisoient tous les philosophes avant mr. Descartes. Il oppose l'état de notre ame après la
p. 375. note. et 376. mort à celui de l'ame des bêtes. Il se fait cette objection : » Si nous » leur accordons (aux bêtes) un » principe sensitif, quoique fort in» férieur à la raison, ils (les Car» tésiens) nous demanderont peut» être ce que devient ce principe » après la mort : ne seroit-il pas » immortel comme notre ame ? » Point du tout ; il est indestructi» ble, comme les parties et les » principes de la matiere, jusqu'à» ce qu'il plaise à Dieu de les anéan» tir, mais non pas immortel :

» l'immortalité

» l'immortalité à leur égard, suppose une continuation de la vie sensitive, et cette vie une connoissance sensitive ; mais une simple connoissance sensitive ne peut être supposée subsister après la mort et une totale destruction du *sensorium*, tandis que l'ame intellectuelle acquiert des connoissances entierement nouvelles, s'exerce sur des objets tout autres qu'auparavant, et procéde dans ses opérations d'une maniere différente. La raison et la Religion le prouvent ; et il est de la derniere évidence que notre état n'est ici qu'un état passager, un état d'épreuve......... Les animaux au contraire n'ont rien en eux qui indique la moindre élevation au dessus d'une vie purement sensitive, par conséquent leurs ames quoi qu'indestructi-

» bles,

» bles, meurent en devenant insen-
» sibles, lorsque le corps se dissoût;
» et se mêlent avec les principes
» communs de la matiere. » Quel rang y tiennent-elles ?

Je suis très intimement persuadé que la nouveauté de la doctrine du philosophe n'altère en rien la simplicité de la foi dans mr. Néedham ; il n'est pas possible de méconnoître dans son livre un caractere de probité et de bonne foi, qui doit écarter jusqu'au moindre soupçon : cependant quelque porté que je sois à croire ses intentions très-bonnes, je ne puis me dissimuler que les matérialistes peuvent abuser de ses expressions, si on les discute à fond. Si j'avois lieu de penser que ces mrs. n'y prissent pas garde, je serois bien fâché de le leur faire appercevoir, mais ils sont trop attentifs à tout ce qui favorise leur maniere de penser, pour négliger plusieurs traits de la doctrine de l'auteur, dont ils peuvent tirer parti. Ainsi je préviendrai le mauvais usage que ces m^{rs}. feroient des principes de m^{r}. Néedham ; peut-être même les empêcherai-je de s'en prévaloir ; et de la maniere dont j'ai rendu ces principes, je ne crains point que les matérialistes soient tentés de les adopter.

Le premier reproche que je fais à m^{r}. Néedham, c'est que quelque différence qu'il mette entre notre ame, et les principes immatériels de la matiere, il ne peut prévenir que notre ame elle-même ne puisse être conçue dans son systême comme un élement du corps ; car supposé que la matiere ait une vraie étendue, composée d'élemens iné-

tendus,

12. l. m

tendus, des ames seront aussi propres à faire un pied cubique de matiere, que ces élemens ; et supposé que la matiere n'ait aucune étendue, et qu'elle soit simplement la cause d'une façon de penser qui est l'étendue, comme je présume que l'auteur le croit, les ames humaines peuvent-être des élemens de la matiere. Mr. Néedham convient que l'ame senstive des bêtes est d'une nature très différente des élemens de la matiere ; cependant il dit que leurs ames après leur mort se mêlent avec les principes communs de la matiere. Or si ces principes entrent dans une combinaison d'agens résistans et moteurs, n'est-il pas visible que la combinaison en sera augmentée, et comme cette combinaison est le corps selon mr. Néedham, le corps sera donc plus grand, il aura plus de

réalité.

réalité.

L'ame de l'homme est selon mr. Néedham privée du sentiment de son être, dans un sommeil profond, dans la létargie; si celle des bêtes privée de sensibilité est par cela même sensée mourir, comme le dit expressément mr. Néedham, notre ame est donc morte dans le profond sommeil et dans la létargie. Elle est alors parmi les élemens de son corps ce qu'est l'ame de la bête parmi les élemens de la matiere. Elle ne sert plus qu'à grossir la combinaison des élemens simples et immatériels dont son corps est formé.

Aussi appelle-t-il une combinaison, l'union de l'ame et du corps. Vous l'avez vu dans la deffinition qu'il donne de l'homme. C'est selon

lon lui *un systême d'esprit et de matiere combinés diversement.* Et cette combinaison est si diversifiée, qu'il n'y a pas deux hommes qui se ressemblent. Comme la dose différente de principes résistans et de principes moteurs, fait toute la diversité des corps ; de même sembleroit-il à l'entendre, que des doses diverses de puissances intellectuelles, sensitives et végétales causeroit toute la diversité qu'on apperçoit entre les hommes, par rapport à leurs degrés d'intelligence et de sensibilité. Sans doute, il ne prend ces différences entre les hommes que du côté de celle des organes, occasions des dévelopemens des puissances intellectuelles ; auquel cas il n'est répréhensible que sur la maniere dont il s'est exprimé. Il s'explique sur ce point dans un texte que j'ai cité, de façon à lever toute équivoque,

mai

mais on pourroit tirer de son système toutes autres inductions. Car dès qu'il établit que les élemens de la matiere sont tout aussi immatériels, tout aussi simples que l'ame de l'homme, et qu'il dit que la combinaison de ces principes simples font la matiere, on ne voit pas pourquoi l'ame humaine ne pourroit pas être combinée avec ces principes inétendus, ni pourquoi elle n'augmenteroit pas la combinaison matérielle, et ne seroit pas pour quelque-chose dans la machine du corps humain. Son systême conduit donc à prendre à la lettre ce qu'il a dit, que l'organisation se termine en intelligence, en sensation, en vitalité.

Je lui reproche en second lieu de supposer la préexistence de nos ames à nos corps, lorsqu'il dit ce que

P. 374. que j'ai déja rapporté : » La même » échelle d'activité simple établie par Dieu .... renferme » et présente l'agent sensitif et intelligent, comme naturellement » uni au moteur, par tout où les » loix du créateur demandent cette » union naturelle. » Puisque l'échelle des êtres renferme l'agent sensitif et intelligent, l'agent intelligent n'est donc pas créé, non plus que l'agent sensitif, au moment où le fœtus prend vie. L'un et l'autre existoit dans les élemens du monde ; il en étoit donc un élement. Je suis bien persuadé qu'en cette occasion, comme en une infinité d'autres, l'auteur n'a pas pesé ses termes, et qu'il est fort éloigné de croire la préexistence de nos ames, mais ce qu'il n'a pas pensé, son texte semble le dire trop formellement.

Je

Je lui reproche en troisiéme lieu d'autoriser le dogme favori des matérialistes: que tout périt à la mort. Ces m[rs]. , je l'ai déja observé , ne se fatiguent point à rechercher quelle est précisement la nature de l'ame : qu'elle soit matérielle ou spirituelle, peu leur importe , pourvû qu'il n'y ait ni biens à regretter, ni miseres à souffrir après la mort. Ainsi m[r]. Néedham en s'éloignant des matérialistes le plus qu'il lui étoit possible, favorise contre son intention leurs funestes intérêts. Mais heureusement il tombe dans une contradiction évidente, en établissant d'une part, que l'ame des bêtes indestructible de sa nature, différe des principes immatériels de la matiere, en ce qu'elle est essentiellement sensible ; et de l'autre qu'après la destruction de la machine, cette même ame est incapable

pable de sentiment. N'est-ce pas dire qu'elle est essentiellement et par son propre fond capable de sentiment ; et que par elle-même, par l'activité de son principe intérieur, elle est incapable de se sentir exister ? N'est-ce pas dire le pour et le contre ? Cette ame après la mort du corps, meurt; elle est confondue avec les élemens de la matiere ; elle n'en differe donc pas essentiellement, ou elle a perdu son essence.

Mr. Néedham repliquera que cette ame peut recevoir du créateur le sentiment de l'être, et qu'un élement de la matiere ne peut recevoir ce don précieux. Ce dernier point est très-vrai, et démontré en rigueur, comme vous l'avez vû mr., si cet élement est essentiellement composé de parties : mais s'il n'en

a point,

a point, s'il est tout aussi simple que notre ame, de quel droit l'auteur prétendra-t-il que Dieu même ne peut pas lui faire sentir son existence? Cet être a son individualité indépendamment de tout autre, pourquoi seroit-il nécessaire qu'il fût joint à un autre être pour sentir cette individualité? Seroit-ce que Dieu ne pourroit agir sur lui sans l'interposition d'un autre agent créé? Cette supposition seroit également déraisonnable et injurieuse au créateur. Que mr. Néedham distingue donc autrement l'ame des bêtes des élemens qu'il prête â la matiere; qu'il dise, s'il le peut, que l'ame des bêtes se sent essentiellement exister, mais que différens modes d'existence sont occasionnés en elle, par l'état de ce qu'il appelle le *sensorium*. Après la destruction du corps, elle pourra faute d'être unie à des organes, ne recevoir aucune façon d'être du dehors ; mais elle sentira son individualité privée de tout commerce, son état actuel d'inanition. Voilà ce qu'il auroit pu dire de plus raisonnable.

Si la prétention de l'auteur sur l'état de l'ame des bêtes après la mort étoit tant soit peu soutenable, les materialistes ne manqueroient pas de l'étendre à l'ame des hommes. Ils réuniroient les principes de mr. Néedham. L'homme, diroient-ils, est une combinaison de plusieurs puissances, rationnelles, sensitives et végétatives. La derniere de ces puissances étant innée dans les principes actifs de la matiere, seroit détruite avec la machine : la puissance sensitive seroit inutile et sans fonctions, par la

destruction

destruction du *sensorium.* La premiere puissance ne seroit non plus d'aucun usage, puisque les connoissances en sont l'objet, qu'elles viennent des sens, et que le *sensorium* étant détruit, il n'y auroit plus de sens. D'ailleurs, ajoûteroient-ils, l'ame de l'homme doit-être après la mort, ce qu'elle étoit dans l'échelle des êtres, avant la formation de la machine à laquelle elle est unie ; car *aucun agent sensitif ou intelligent ne peut dans le systême présent* (le seul, diroient-ils, dont nous ayons naturellement connoissance) *exercer aucune faculté, que d'une maniere dépendante de la combinaison materielle à laquelle il est uni.* La foi parle autrement, il est vrai; mais il s'agit ici de pur raisonnement, c'est assez pour nous qu'on ait besoin d'une révélation pour établir que nos ames ont des sentimens et des

connoissances

connoissances après la mort ; et qu'elles y sont susceptibles de bien et de mal.

Il pourroit rester une ressource à mr. Néedham, qui à la vérité ne serviroit pas à justifier ses idées, mais accableroit pourtant les matérialistes, qui seroit dedire : il est vrai que dans mon systême on a besoin d'une révélation pour nous prouver que nos ames sont susceptibles et de misere et de bonheur après la mort ; mais il en faudroit aussi une pour nous démontrer que cela n'est pas, et pour nous procurer une parfaite sécurité sur les suites de la mort. Cette sécurité fait tout notre intérêt. Vous devez rougir de cet intérêt : si votre conscience dont vous voudriez pouvoir étouffer les remords ne vous reprochoit rien, vous ne seriez pas tant flattés de cette insensibilité à tout bien et à tout mal, en perdant votre corps. Mais nous sommes dans cette vie ce que Dieu veut, et dans l'autre ce que Dieu voudra. Si vous avez besoin d'un *sensorium* pour être sensibles, ne méritez-vous pas qu'il vous en donne un ? Il vous faut des démonstrations pour vous déterminer à vous mettre dans la voie de posséder Dieu ; vous sont-elles donc inutiles pour vous prouver à vous-même qu'il n'y a aucun risque à vivre comme vous vivez, et qu'un malheur éternel ne suivra pas l'abus que vous avez fait du tems d'épreuve qui vous a été donné ?

Mr. Néedham a abandonné le systême de mr. de Buffon sur l'ame des bêtes ; car celui-ci ne leur donne point d'ame, et le premier croit

qu'elles en ont ; mais il la suppose
telle qu'elle ne leur sert de rien. Il
P. 445. en explique ainsi la nature : » Les
» péripatéticiens qui ont eu jus-
» qu'à ces derniers tems un empire
» absolu dans les écoles, soute-
» noient que l'ame des bêtes étoit
» matérielle, mais non pas matiere.
» Si ces mots ont quelque sens, ils
» signifient que l'ame des bêtes est
» immatérielle dans son essence,
» mais totalement dépendante de
» la matiere pour ses opérations,
» comme absolument et essentiel-
» lement incapable de s'élever ja-
» mais au moindre acte de con-
» noissance intellectuelle. » Il est
étonnant que cette opinion ait encore quelque crédit dans notre sié-
cle. Elle naît vraisemblablement
d'un préjugé aussi enraciné dans
notre ame, que la créance de l'e-
xistence des couleurs sur les objets

et de la douleur dans les parties affligées de notre corps, Mais quand on vient à examiner ce préjugé, on voit qu'une ame nécessitée et purement passive, est une propriété fort inutile dans la machine; on se trouve donc tenté d'aller au-de-là, et de donner aux bêtes une ame aussi libre et aussi intelligente que la nôtre. Mais le même préjugé qui nous a conduit là, réclame fortement contre ce que nous y avons ajoûté, et nous voyons que l'étendue que nous lui avons donné blesse également et le sens intime et la religion.

Mr. Néedham appelle cette ame des bêtes qui est purement passive, un agent; et par-là il entend qu'elle est active par un principe intérieur: or ces deux choses impliquent; car si elle est purement passive,

sive, son prétendu principe d'activité est toujours employé par une cause extérieure ; il est donc en même tems actif et inactif. Il la caractérise encore en disant qu'elle est *incapable de s'élever jamais au moindre degré de connoissance intellectuelle* ; ce qui est encore absolument insoutenable : car dès qu'un être sent son existence, il peut alors avoir des connoissances intellectuelles ; il connoît l'être, il aime le bien-être ; il hait la douleur, il est indifférent pour tout ce qui ne contribue ni a le rendre heureux, ni à le rendre malheureux. Les objets de toutes ces connoissances ne sont-ils pas intellectuels ? Ne trouvera-t-on pas même le germe de la liberté dans cette indifférence où seront les bêtes pour tout ce qui les affecte sans les intéresser ?

N'ont-elles pas des connoissan-

ces

ces abstraites si elles ont une ame ? Non, disent les péripatéticiens, elles n'ont de connoissances que de leur état particulier, que des objets particuliers. Quoi ! Si la bête a faim, elle desire telle nourriture particuliere. Le chien affamé desire ou du pain blanc ou du pain bis, tel pain numériquement ; le loup desire, non en général de trouver un agneau tel qu'il soit, mais tel agneau en particulier.

Elles n'ont point de connoissances abstraites ; mais tous leurs desirs se terminent (diront-ils) à tels objets en particulier. Voyent-elles donc le numérique des corps que nous ne connoissons point ? Auroient-t-elles un si grand avantage sur nous ? C'est ce qu'on ne peut dire. Si elles voyent comme me nous ; tout ce qui leur paroît exister ne leur est donc connu que précision faite de l'état numérique et individuel de l'objet ; elles ont par conséquent les fondemens de toutes nos abstractions. Leurs sens par conséquent ne leur réprésentent les choses que d'une maniere abstraite, générale et conséquemment spirituelle.

Elles voyent les corps comme nous, supposé qu'elles ayent une ame, c'est-à-dire, qu'elles n'en voyent point les grandeurs absolues, mais les simples grandeurs relatives. Or la connoissance des rapports n'est-elle pas spirituelle ? On sera donc forcé de reconnoître que ces ames essentiellement incapables de connoissances spirituelles ont néanmoins de telles connoissances. Tout ce qu'on pour-

ra dire

a dire de mieux, c'est qu'elles sont par leur nature incapables de réfléxion. Mais qu'est-ce que réflexion? C'est une attention tellement fixée à un objet, qu'on en saisisse tous les rapports; c'est une vüe de cet objet soutenue pendant un certain tems. Or ces ames ont des idées universelles, ces ames connoissent les rapports, et vous voudriez que Dieu leur eût donné une telle maniere d'être, qu'il ne pût lui-même les rendre attentives à leurs connoissances spirituelles, et qu'elles ne pussent sentir les rapports? Elles connoissent le numérique de leur ame, et ne connoissent pas le numérique de leur corps; et vous voulez que Dieu ne puisse les rendre attentives à deux connoissances si différentes, ni leur faire distinguer leur ame de leur corps; en un mot, vous prétendez qu'il a créé des es-

prits

prits qui n'ont aucune des propriétés essentielles à des esprits ?

Le préjugé nous porte à croire, que les bêtes ont des ames qui different totalement des nôtres. La raison démontre que ce préjugé est faux. Nous serions tentés de leur donner des ames telles que les nôtres; ce second préjugé révolte. Or ces deux préjugés à l'écart, il ne reste plus rien qui puisse prouver que les bêtes ont des ames. Une ame intelligente et libre dans les bêtes n'y pourroit servir qu'à fournir au créateur des occasions de produire des mouvemens libres dans la machine : or ces occasions pourroient êtres prises immédiatement de la machine. Dieu eût pu mettre des occasions dans le plan de leur cerveau, sur lesquelles il devoit produire tel mouvement libre, quoique ces occasions n'eussent pas plus de rapport avec ce mouvement libre, que les lettres en ont par elles-mêmes avec nos idées, ou que certains coups de baguette sur un tambour en ont avec des évolutions militaires. Il faudroit prouver l'impossibilité de cette supposition, ce qui n'est pas à craindre, pour juger si l'on ne peut pas dire dans ce sens que les bêtes ont des ames libres.

Vous pardonnerez cette digression, m[r]. à la crainte que j'ai que les matérialistes ne concluent, de ce que les péripatéticiens ne peuvent donner une ame aux bêtes qui soit essentiellement différente de la nôtre, ils en concluent, dis-je, qu'elles en ont une de même espece. Je reviens à mon objet. M[r]. Néedham trouve que les cerveaux des

animaux

animaux sont des machines. très compliquées, qu'elles ont besoin d'une ame pour les gouverner, et apparemment d'une ame plus instruite du plan du cerveau auquel elle est unie, que les nôtres ne le sont du méchanisme de leur corps. Ce besoin est bien plus pressant, puisqu'il s'agit de construire la machine; car ces machines sont des chefs-d'œuvre de sagesse. Selon mr. Néedham, elles sont l'ouvrage du concert des agens moteurs et résistans combinés. Ces agens n'ont pas le moindre degré de connoissance, ils ignorent totalement les vües sur lesquelles la machine doit être formée, à quoi elle sera propre, et pour quelle part chacune doit être dans sa construction. Ainsi cet auteur qui ne peut comprendre comment la souveraine sagesse auroit pu renfermer dans

Adam toute la postérité de ce premier homme, conçoit fort aisément que des êtres non-seulement destitués, mais même incapables de tout degré de sagesse, concourent à former des machines supérieures à toute la sagacité humaine, le corps même de l'homme.

Il est vrai, si l'on en croit mr. Néedham, que les agens moteurs et résistans risquent moins de se méprendre dans la construction des corps organisés les plus composés, que dans celles des corps plus simples. » Je remarquerai, » dit-il, et tous les naturalistes en » conviendront, que plus les corps » organisés sont composés, moins » il y a lieu de craindre une géné- » ration équivoque dans leur pro- » duction; car les agens immédiats » qui concourrent à les former, les

P. 247.

» les combinaisons de ces agens et
» plusieurs autres circonstances,
» doivent être plus variés que dans
» les corps plus simples, et en mê-
» me tems plus éloignés de cet éle-
» ment universel dans lequel ils peu-
» vent tous à la fin se confondre. »

Il craint beaucoup, et avec raison, qu'on ne lui objecte que tous ces agens aveugles doivent former des individus tous différens, et ne peuvent donner aucune espece ; cet inconvénient est ce qu'il appelle une génération équivoque ; mais le raisonnement très obscur qu'il vient de faire, ne leve assurément pas la difficulté. Il a une ferme confiance que tous les naturalistes adopteront la maxime que je viens de transcrire : mais surquoi est-elle fondée cette confiance ; qui recevra jamais un paradoxe aussi contraire à l'expérience ?

Il n'est pas plus heureux lorsqu'il reconnoît par tout, non des moules d'animaux et de machines vitales, comme m$_{r}$. de Buffon, (quoiqu'il dise quelque part que la nourriture est moulée dans les endroits où elle est introduite pour l'acroissement ou la réparation du corps) mais des matrices. On ne sçait quelle idée il attache à ce mot; s'il entend que ces matrices sont capables de déterminer le concours de l'agent moteur et du résistant à former, par exemple, un de ces êtres mitoyens entre l'animal et le végétal, de ces êtres qui se meuvent deux-mêmes, mais sans spontanéité, ou bien de ces anguilles de la colle de farine qui naissent pleines et portantes une nombreuse famille. Qui a donc rendu ces matrices

propres

propres à suppléer à la sagesse qui manque aux agens naturels ? Que sont-elles? Sont-ce des élemens préparés selon cette vüe, dès le commencement du monde ? Cela doit être, car autrement si ces matrices sont aussi formées par certaines combinaisons harmoniques d'agens moteurs et résistans, il seroit tout aussi facile de dire que ces mêmes agens sont propres à faire des machines sans modéle ; on leur épargneroit la moitié du travail. Mais si ces matrices sont des œuvres du créateur, ce sont donc des germes ; ou du moins il est aussi facile de penser que Dieu a créé dès le commencement des germes pour fournir à toutes les générations d'animaux futurs et au-delà, que d'imaginer qu'il a préparé des matrices ; et qui comprend que Dieu a pu faire des matrices pour toutes les races futures d'animaux, comprend aussi comment il auroit pu créer les germes de tout ce qui devoit être dans le genre animal. Au reste nous n'avons pu concevoir de quel usage les moules de m^r^. de Buffon seroient pour la production des animaux ; et si les matrices de m^r^. Néedham ne sont pas des moules, on conçoit encore moins comment elles pourroient servir à déterminer les agens expansifs et résistans à suivre un certain plan, à produire plutôt un ver qu'une chenille : quelque soit la forme d'un creuset, elle ne déterminera jamais le métal qui y sera jetté en fusion, à former un tel médaillon, si elle n'est pas le moule de ce médaillon.

M^r^. Néedham imagine un autre moyen pour nous faire comprendre

dre comment les animaux sont produits sans germes préexistans, P 425. sans moules. » Jugeons donc, » dit-il, du corps de l'animal le » plus parfait, comme nous le fe- » rions d'un arbre qui s'étend en un » nombre infini de branches. Il » est certain que l'analogie est as- » sez sensible. » Très-sensible, et d'autant plus sensible que je n'ai pas moins de peine à comprendre qu'un arbre puisse naître sans avoir été dans un germe préexistant, que j'en ai à penser que tout animal soit construit par le concours aveugle d'agens moteurs et résistans. Mais je consens à m'en tenir à cette analogie. Je vois effectivement partir du cœur deux très beaux arbres, deux arbustes, si vous le voulez; le tronc commun est le cœur; ces végétaux croissent bien différemment de nos arbres. Le nombre

et la

et la distribution des branches ne sont point déterminés dans les arbres ordinaires ; dans le systême des veines et des artères, la quantité des branches, leurs divisions, leurs sous-divisions, tout est fixe. Un de ces arbres a un mouvement d'oscillation continuel, l'autre n'en a point. Tous deux sont formés de tuiaux naissans les uns des autres ; et dans les tuiaux des veines, il y a des valvules ménagées avec tout l'art possible ; il y en a aussi au tronc des artères. Voilà des végétaux bien différens des arbres ordinaires. Jettez les yeux, m[r]., sur ces estampes anatomiques, où l'on a réprésenté le systême des artères et des veines ; à la simple vuë, vous pouvez penser que ces arbustes ont poussé successivement leurs branches ; mais la réflexion vous empêchera d'adopter ce premier senti-

ment ;

ment; vous concevrez au contraire que ces deux systêmes ont été faits tout à la fois et non pas successivement. Car dès-que le cœur est formé il darde du sang : or supposé que le tronc commun des artères n'eût poussé par exemple que de deux lignes, le sang seroit dardé, mais s'épancheroit, il ne trouveroit point de retour vers le cœur n'y ayant point de veines pour le recevoir, ou le tronc des veines n'ayant encore végété que de deux lignes. Les artères et les veines sont donc formées avant la circulation du sang. Vous pouvez, m^{r}., étendre ces vües sur toutes les veines et tous les artères, nulle branche d'artère n'a dû porter du sang qu'autant que la veine où il devoit être reçu a été prête à le recevoir.

Considérons maintenant le

cœur

cœur en particulier. C'est un double muscle, il est composé pour la plus grande partie de veines, d'arteres, de ramules, de nerfs; ce muscle doit donc être de même date que la production des veines et des artères. Quant au systême des nerfs, on ne peut pas en mettre le tronc dans le cœur. On connoît les rameaux nerveux qui se distribuent dans le cœur; mais l'origine de tout ce s'ystême est parfaitement marquée parmi les différentes parties qui composent le cerveau : Voilà un nouvel arbre qui a une toute autre racine que les arbres des artères et des veines. Celui-ci est encore plus admirable, si je l'ose dire, que les deux autres ; ses ramules forment une infinité de houppes éparses sous toute l'habitude de la peau, dans toutes les parties sensibles du corps; ces ramules entrent même dans le tissu des parois des artères, et cette derniere circonstance prouve que les nerfs, les artères & les veines ont été formés en même-tems. Les nerfs entrent dans la composition du cœur et des artères. Le cœur met en jeu les artères : les nerfs ont donc été faits avant que le sang existât et qu'il pût circuler. L'on ne peut attribuer à la nourriture, que le sang porte avec lui la formation de ces trois systêmes, puisqu'il ne circule que par leur moyen et qu'ils sont ses canaux nécessaires.

Mais ces trois systêmes, dont aucun n'a été formé successivement par l'emploi de la matiere végétative que porte le sang, n'ont pû être construits que dans le même tems où le reste de la machine l'a été. Car peut-on supposer par exem-

ple,

ple, que le systême des os soit postérieur aux trois autres? Les os sont couverts d'une pellicule tissue d'artères, de veines, de nerfs; ils sont percés en divers endroits pour donner passage à ces artères, à ces veines, à ces nerfs. Les vertébres fournissent un long canal où est renfermé le tronc des nerfs qui sont destinés à obeir à la volonté, je veux dire, la moëlle allongée. On ne peut dire, ni qu'après la construction parfaite des os, les branches des artères, des veines et des nerfs ont été chercher ceux qui leur convenoient pour entrer dans le tissu de leurs périostes; ni que les os ayant été postérieurs à ces trois systêmes, ils n'ayent pû occuper en végétant que les vuides, que les branches artérielles, veineuses, nerveuses, avoient eu l'intelligence de leur ménager. Quiconque

comparera

comparera les figures de l'angiologie et de la nevrologie avec un squelette, sera convaincu de tout ce que je dis. Il faut donc que le systême des os ait été complet au même tems précis que les autres ont eu leur perfection.

On ne peut pas dire du systême des os que ce soit un arbre, un seul végétal : chaque os particulier, chaque vertébre, chaque phalange est un végetal à part. Il en est de même des os dont le crâne est composé ; l'engrainement si juste de leurs sutures, prouve à un observateur judicieux qu'ils n'ont pas été faits l'un après l'autre, qu'ils ne sont pas nés les uns des autres ; et il n'est pas nécessaire que je vous fasse observer que les tendons et les cartilages, qui unissent tous les os ne peuvent pas être d'une construction postérieure à celle des os. Enfin,

on voit

on voit clairement qu'on ne peut dire que chaque nerf ait saisi tel os précisément plutôt que tout autre pour remplir sa destination.

Généralement parlant, les muscles, les glandes, les membranes ne paroissent être que des tissus qui résultent de l'entrelassement des ramules des branches des trois premiers systêmes ; ensorte que lorsqu'on a démontré que ces trois systêmes n'ont pas été formés successivement par les ressources du sang, mais antérieurement à sa production dans le germe, on a prouvé en même tems que toutes les parties du corps humain, ont coëxisté sans qu'on puisse imaginer aucune succession de l'une à l'autre; et que comme les vaisseaux servans à la pneumatique des poumons étoient construits avant que l'air y fût introduit; que

que l'estomac, les viscères, les canaux admirablesdu mesentère, les veines lactées, le reservoir de Pequet, &c, que toutes ces différentes parties étoient faites avant de pouvoir exercer leurs fonctions ; ainsi les veines et les artères étoient complettes avant qu'il y eût du sang à déferer.

Pour nous prouver que l'animal ne naît pas par le développement d'une machine préexistante, mais qu'il se forme peu-à-peu; m$_r$. Néedham nous renvoye avec complaisance aux observations faites sur les œufs couvés par une poule, et veut que nous suivions les différens progrès de la formation du poulet. Nous ne refusons pas de les étudier: Mais qu'apprendrons nous de ces observations ? A-t-on vu dans les premiers jours un cœur ébauché, a-t-on vu naître le tronc de l'aorte, celui d'un nerf, et croitre l'un et l'autre ? On n'a rien apperçû de tout cela. On a vu un cœur comme un point qui faisoit ses mouvemens, et qui par ces mouvemens injectoit du sang dans des vaisseaux préparés, qui rendoit ces vaisseaux sensibles par l'injection. On a vu que ce sang au sortir de l'artère étoit renvoyé vers le cœur par les veines, qu'il rendoit aussi sensibles en s'y insinuant ; que les premieres injections ne faisoient d'abord appercevoir que quelques artères et quelques veines, que les injections suivantes en ouvroient de nouvelles ; que par la répétition de ces injections, un systême déja formé de veines et d'artères acqueroit un parfait développement ; enfin que le sang en circulant rendoit très apparens tous les lacis de ces differens vaisseaux

vaisseaux : voilà ce que verra constamment un observateur impartial et attentif : ensorte que je ne vois rien qui démente davantage le systême de ceux qui prétendent que le poulet se forme peu-à-peu, en recevant toujours de nouveaux accroissemens de la chaleur que lui communique la mere, que les expériences faites sur l'incubation des œufs: je m'en rapporte à quiconque voudra les renouveller. Il est très-certain qu'il ne trouvera jamais de vaisseaux ébauchés; et que dès qu'une artère sera sensible, la veine qui doit reporter le sang le sera aussi.

Mr. Néedham appellera ici l'harmonie à son secours ; il nous dira que de deux cordes montées à l'unisson, l'une étant pincée, l'autre lui répond par des vibrations de même espece ; qu'il en est de même me dans la formation des animaux; que par exemple, les parties propres à entrer dans la construction d'une artère sont au même ton, ou au moins ont des tons harmoniques. Que s'ensuit-il? Deux cordes à l'unisson se joignent-elles, parce que l'une est comme l'écho de l'autre, s'unissent-elles en un seul corps? S'il suffisoit de tendre confusément dans une chambre, des fils dont les longueurs fissent une proportion harmonique, et de leur faire rendre des sons pour que ces fils s'ourdissent d'eux-mêmes et formassent une piece de toile, ce phénomene me feroit comprendre comment l'harmonie de différentes parties a pu les faire concourir à produire un arbre de tuyaux tel que le systême des veines ou celui des artères; en voyant un os, une vertèbre dont la figure si bisare

bisare à l'œil est si parfaite aux yeux de l'esprit, je pourrois peut-être découvrir à quelle piece d'harmonie cet os ou cette vertèbre devroient être rapportés.

L'auteur nous dira encore, que les parties dont le nouvel animal est formé ont été *assimilées* dans un autre animal de même espèce. Je le veux bien : ce sont des matériaux tout taillés, les uns pour entrer dans la composition d'une artère, d'autres dans celle d'une veine, ou d'un nerf ; mais suffit-il donc que les pierres d'un bâtiment soient taillées, que la chaux soit prête, que le sable soit rassemblé, que l'eau soit à portée, que la menuiserie, la charpente, la serrurerie, les vitres, que tout cela soit préparé, pour que l'on puisse concevoir que toutes ces pieces abandonnées à l'harmonie, ou si vous voulez à une certaine assimilation, formeront un palais.

D'ailleurs, dans quel endroit ces parties, qui doivent concourir à la construction de l'animal, ont-elles été assimilées : elles ne sont point entrées dans la composition ni du pere ni de la mere ; elles ont été rejettées comme un superflu dans un lieu qui leur étoit destiné ; mais elles n'ont pu prendre ni la forme, ni l'empreinte dans des parties organiques où elles n'ont point été reçûes.

Harmonie ! Que cette expression est riante, qu'elle flatte agréablement l'imagination ! L'harmonie ! Ce mot rappelle le plaisir touchant qu'elle occasionne, lorsqu'elle est mise en œuvre par les grands maîtres selon toutes les regles de leur art. Cependant ce mot ne me présente aucune image, aucun ressort, aucun mouvement, rien qui puisse m'aider à comprendre comment des parties en proportion harmonique formeroient l'aîle d'une mouche, l'antenne d'un papillon; comment elles construiroient ces deux admirables organes destinés à contribuer à l'harmonie et à la recevoir, je veux dire la trachée-artère, et la lame spirale de l'oreille. Ces deux pieces sont certainement formées sur les loix de l'harmonie, mais qu'elle les ait construites, c'est ce dont on ne peut avoir aucune idée. De même on ne me fera jamais concevoir comment les principaux systêmes du corps humain, celui des veines, celui des artères, celui des nerfs, celui des os, tous formés avant que le corps eût été animé, auront été combinés comme ils le font, pour former le systême general du corps, et dans ce corps chaque organe, chaque membre, par une harmonie qu'on ne supposera jamais entre des choses aussi dissemblables qu'un os et une veine, qu'un nerf et une veine, qu'un tendon et un os.

Rien n'est cependant plus aisé à comprendre, si nous en croyons m[r]. Néedham. » On peut donc P. 427.
» dire que cet individu s'est reproduit tout-à-coup, comme un feu » en allume un autre ; et que la semence active a pris une certaine » forme, un arrangement de parties, qui la détermine dans sa végétation future. Car dans une » combinaison de principes actifs » entierement analogues à ceux de

» l'individu

» l'individu qui se reproduit, les » parties de la semence sont *dans » notre ordre de sensation et suivant notre » maniere de concevoir, spécifiquement » arrangées*, lorsque l'action qui leur » a été imprimée et qui les anime, » est parfaitement et constam- » ment harmonieuse. »

Si nous ne sommes pas contens de cette explication, si nous la trouvons plus qu'obscure, on nous dira nettement que nous ſommes des esprits bornés ou au moins que nous l'entendrions aisément, si nous étions des anges, des esprits
P. 427. purs. » Dans un systême, nous » dit-on, qui se résoud en dernie- » re raison en une activité simple, » ce qui est pour nous dans le point » de vüe où Dieu nous a placé, un » simple arrangement de parties » étendues, est pour des esprits su-

» périeurs (les anges, m^rs. Néed-
» ham et de Buffon) qui pénétrent
» la nature de chaque agent simple
» qui entre dans le composé, et
» qui connoissent leur nombre,
» leurs forces et leurs combinai-
» sons, un systême invariable d'ac-
» tion complexe, par tout où les
» principes qui se combinent sont
» spécifiquement les mêmes. »

Ce seul texte prouve que c'est en pure perte que j'ai employé tant de tems et tant de peines à faire sentir l'impossibilité de conçevoir que des machines aussi composées, que l'est le corps humain, soyent l'effet du concours harmonique des agens moteurs et résistans. Ce méchanisme si varié, si constant, si merveilleux dans nos corps n'est point tel au dehors que nous le voyons, chimere que tout

cela

cela. *Des modes de perception, un ordre de sensations, une maniere de concevoir*, c'est à quoi il faut s'en tenir invariablement. Les élemens dont notre corps est composé étant simples, n'admettent aucun arrangement, ne peuvent être ni liés ni séparés, n'ont réellement, ni mouvement, ni figure, ni correspondance, ni harmonie. Il n'y a ni tuyaux, ni fibres solides; toutes ces beautés de méchanisme ne sont que nos manieres de recevoir, je ne sçai comment, les effets d'une activité indéfinissable d'agens, aussi peu capables de toucher notre ame que notre corps, parce que ni notre corps ni notre ame n'ont aucune surface.

Finissons, mr. et ne disputons ni avec les anges, ni avec les esprits supérieurs. Je n'avois qu'un but, c'étoit c'étoit de vous exposer la confusion et l'obscurité impénétrable des systêmes de mr. Néedham ; je crois l'avoir atteint : vous sçavez que ce qu'il pense est inintelligible, mais vous sçavez ce qu'il pense. Vous avez vû aussi qu'on trouve parmi les dogmes de mr. Néedham certaines clefs très propres à faciliter l'intelligence de tant de principes nouveaux, de certains traits prophétiques semés dans l'histoire naturelle de mr. de Buffon ; comment les mathématiques et les méchaniques sont des suppositions de l'esprit ; ce que c'est que l'assimilation que mr. Néedham réduit à l'harmonie ; ce qu'il faut penser de l'activité propre aux principes des corps, laquelle ne ressemble en rien aux idées que nous avons du mouvement et du ressort ; pourquoi cette activité suffit tellement

à la

à la construction du monde que Dieu peut la laisser agir, ou tout au plus la modérer. Tout ces mysteres sont sortis, toutes ces merveilles sont nées, je ne sçai comment, des observations microscopiques de mr. Néedham; observations d'ailleurs très-inutiles, puisqu'elles ne nous font connoître que des façons d'appercevoir, que des modes de perception. Enfin, physique, mathématiques, méchanique, métaphysique, toute science s'évanouit devant nos nouveaux maîtres, le monde n'est plus rien.

Plaignons ces mrs. et ne leur envions point leur imagination si féconde; c'est elle qui leur a fait enfanter tant d'étranges systêmes, c'est-elle qui les a jetté vraisemblablement contre leur intention, dans tant d'écarts dont les mal-intentionnés peuvent abuser au préjudice de la religion : déplorons leur facilité à tout hazarder en genre de raisonnement, en matiere de philosophie ; efforçons-nous de connoître quelles sont les bornes qui ont été fixées à la raison humaine, et ne les franchissons jamais. Je suis très respectueusement monsieur,

votre, etc.

www.ingramcontent.com/pod-product-compliance
Ingram Content Group UK Ltd.
Pitfield, Milton Keynes, MK11 3LW, UK
UKHW020556180726
13838UKWH00001B/270